"科学就在你身边"系列

感悟绿色生命的律动
——植物趣谈

总 主 编　杨广军

副总主编　朱焯炜　章振华　张兴娟
　　　　　胡　俊　黄晓春　徐永存

本 册 主 编　徐群翊　巩　婷

上海科学普及出版社

图书在版编目（CIP）数据

感悟绿色生命的律动：植物趣谈 / 杨广军主编.
—上海：上海科学普及出版社,2014
（科学就在你身边）
ISBN 978-7-5427-5802-6

Ⅰ.①感… Ⅱ.①杨… Ⅲ.①植物-普及读物
Ⅳ.①Q94-49

中国版本图书馆 CIP 数据核字(2013)第 108847 号

组　　稿　　胡名正　徐丽萍
责任编辑　　徐丽萍
统　　筹　　刘湘雯

"科学就在你身边"系列
感悟绿色生命的律动
——植物趣谈
总主编　杨广军
副总主编　朱焯炜　章振华　张兴娟
　　　　　胡　俊　黄晓春　徐永存
本册主编　徐群翙　巩　婷
上海科学普及出版社出版发行
（上海中山北路 832 号　邮政编码 200070）
http://www.pspsh.com

各地新华书店经销　北京昌平新兴胶印厂
开本 787×1092　1/16　印张 15　字数 230 000
2014 年 1 月第 1 版　2014 年 1 月第 1 次印刷

ISBN 978-7-5427-5802-6　　　定价：29.80 元

卷首语

　　说到植物，你会想到什么呢？也许，它们并不如动物那么活泼好动、引人注目，但却以其独特的方式和多彩的绚丽，在大自然中占有一席之地，更因其无穷的奥秘和不断发生的奇闻轶事引出我们越来越浓厚的研究兴趣……

　　你可曾听说，一株植物被制成标本 11 年后，居然能"还魂"？你可知道，寿命千年以上的种子，也能够发芽、开花、结实？还有那罕无人迹的高山雪峰、茫茫无边的荒漠盐田，也能欣赏到植物生命的顽强。让我们一起走进这无尽的植物世界，一起欣赏植物趣谈带给我们的靓丽风景吧……

目 录

"好大一个家"——植物的类群

大家族的主要成员——植物的主要类群 ……………………（3）
家族"奇葩"剪影——奇花异草 ……………………………（10）
植物家族中的"大熊猫"——我国的濒危、珍稀植物 ………（19）
历史的见证——"活化石"植物 …………………………（25）
"不速之客"——外来入侵植物 …………………………（31）
与时俱进，大家族有了新成员——转基因植物 ……………（37）

立身之本——植物的营养

揭秘"叶色"——叶绿体及其色素 ………………………（45）
绿色工厂——叶的结构与光合作用 ………………………（51）
逆流而上——植物对水分的吸收与蒸腾作用 ……………（59）
空心树——茎与植物营养物质的运送 ……………………（67）
看我七十二变——根、茎、叶的变态 ……………………（75）
守株待兔 不劳而获——食虫植物与寄生植物 ……………（85）

感悟绿色生命的律动

繁衍之道——植物的生殖与繁衍

"传承"之路——开花、传粉和受精 …………………………（95）
第一次，也是最后一次——一生只开一次花的植物 ………（103）
植物也生"小宝宝"？——胎生植物 …………………………（112）
走自己的路——果实和种子的传播 ……………………………（119）
高效率的"拷贝不走样"——植物的营养繁殖 ………………（128）
随着"心愿"走——植物栽培技术 ……………………………（135）

随机应变——植物的生长和运动

植物也会"日出而作，日落而息"——植物对外界环境的感知 ………（145）
"恰到好处"的秘密——植物的激素调节 ……………………（153）
向阳光"致敬"——植物的向光性 ……………………………（161）
向着"希望"走——根的生长特性 ……………………………（167）
从"青涩"走向成熟——果实和种子成熟时的变化 …………（172）
植物也有"生物钟"——植物生长的周期性变化 ……………（179）

如影随形——植物与人类

用绿色点缀我们的生活——绿化面面观 ………………………（187）
大自然的"风向标"——指示植物 ……………………………（194）
从"九死还魂草"说起——药用植物 …………………………（201）
"恩将仇报"，还是"和谐共存"？——人类生活与植物 ……（208）

目 录

海阔天空——植物漫谈

以小见大——植物的全息现象 …………………………………（217）
植物也人文——花卉"文化" ……………………………………（222）
无限的遐想——植物仿生学 ……………………………………（228）

植物趣谈

"好大一个家"

——植物的类群

在我们的生活中,周围的植物或许并不引人注目。但你可曾了解:在大自然纷繁的植物大家族中,家庭成员竟多达 30 多万个。它们形态各异、结构多样,甚至在一些生存条件恶劣的环境中也能找到植物的踪迹。

家族中,有些种类具有一些独到的特性,堪称"奇葩";有些为古代植物的遗留种类,被认为是"历史的见证";由于人工引种后的失控,有些种类大肆生长蔓延,由于干扰本土种类的生长而成为"不速之客";随着科学技术的发展,转基因植物也成为了大家族的新成员;而有些种类因生存环境恶化,成为濒危物种,或许在不久的将来即将退出历史的舞台。

"好大一个家"——植物的类群

大家族的主要成员
——植物的主要类群

在自然界的植物大家族中，目前已知的成员约有30多万种，它们中的绝大部分都能通过光合作用制造有机物。有的植株高大，有的植株矮小；生活环境不同，形态各异，结构多样。科学家按照它们的形态、结构进行归类，将众多家庭成员分为藻类植物、苔藓植物、蕨类植物和种子植物几大类。

◆海带

植物趣谈

藻类植物

藻类植物有大约2万多种，大多生活在海洋、湖泊、河流和水池等水中。少数藻类生长在潮湿的树皮上、墙脚、土表和石块上。

藻类植物的形态结构

藻类植物的体型大小悬殊，大的长达60米，小的直径只有1~2微米，肉眼见不到，用显微镜才能看清它们的结构，例如衣藻和硅藻；形态相差很大，有单细胞种类，也有多细胞种类。或许你会认为海带是有根和叶的，但是它们并不具备高等植物那样的内部构造和功能，因此还不是真正的根、茎、叶。

藻类植物体内含有各种各样的色素，能进行光合作用，是一类能进行

感悟绿色生命的律动

光合作用的低等自养植物。地球上的光合作用相当一部分都由藻类进行。曾经在地球早期的历史上,藻类在创造富氧环境中发挥着重要作用。浮游的藻类是海洋食物链中非常重要的环节,所有高等水生生物的生存最终依靠藻类而存在。

藻类植物的繁殖

藻类可进行营养繁殖(通过细胞分裂或断裂)、无性繁殖(通过释出游动孢子或其他孢子)或有性繁殖。有性繁殖通常发生于生活史中的艰难时期(如在生长季节结束时或处于不利的环境条件下)。

◆裙带菜

广角镜——最大的藻类(巨藻)

巨藻属于褐藻类,它们是藻类王国中最长的一族。大多数巨藻可以长到几十米,最长的甚至可以达到200～400米,重达200千克。

◆海岸线上的巨藻

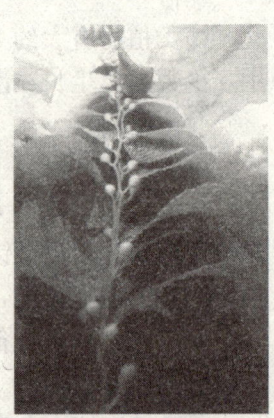

◆巨藻

"好大一个家"——植物的类群

在美洲、大洋洲的太平洋沿岸海域中，就有巨藻的生长。它们用粗达1米的固着器固着在深几十米的海底岩石上，成体往往长达百米以上，最长的可达400米，堪称世界上身体最长的植物。这类海藻藻体的主柄上有多达100个左右长15～60米的细长分枝，分枝上生有众多侧生的"叶片"，整体重量可达数百千克，其身体之硕大，在藻类植物中无与伦比，因此被称为巨藻。在海水温度适宜的春夏季节，巨藻的生长极为迅速，最快时每天可长2米左右，因此它们也是世界上生长速度最快的植物之一。

链接：色彩缤纷的藻类世界

藻类植物的色素体中，除叶绿素外，还含有胡萝卜素、叶黄素外、藻红素和藻蓝素等多种色素，它们含量和比例不同，使得藻类植物呈现出不同的颜色，成为一个色彩缤纷的世界。

◆石花菜

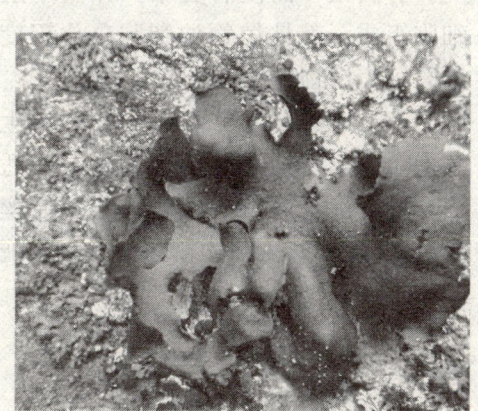

◆石耳

苔藓植物

苔藓植物大约有2万种，常生活在潮湿的田园、路旁、背阳的墙缝和温暖多雨地区的森林中。从它们的生活环境中，我们不难看出这是植物进化中从水生到陆生的一种过渡形式。苔藓植物一般具有茎和叶，但茎中无

感悟绿色生命的律动

◆金发藓

◆葫芦藓

植物趣谈

导管,叶中无叶脉,所以没有输导组织,根非常简单,称为"假根"。所有苔藓植物都没有维管束构造,输水能力不强,因而限制了它们的体型及高度。有假根,而没有真根。叶由单层细胞组成,整株植物的细胞分化程度不高,为植物界中较低等的类群。

孢子体具有孢蒴(孢子囊),内生有孢子。孢子成熟后随风飘散。在适当环境,孢子萌发成丝状构造(原丝体)。原丝体产生芽体,芽体发育成配子体。

◆葫芦藓孢蒴及孢子体

身材矮小的苔藓植物,它们可是植物"拓荒者"之一哦。

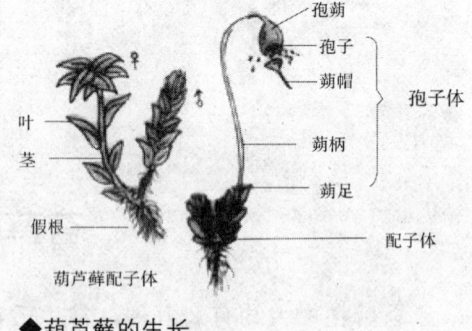
◆葫芦藓的生长

苔藓植物是继蓝藻、地衣之后,能生活于沙碛、荒漠、冻原地带及裸露的石面或新断裂的岩层上的一类生物。在其生长的过程中,能不断地分泌酸性物质,溶解岩面,本身死亡的残骸也堆积在岩面之上,久而

"好大一个家"——植物的类群

久之,即为其他高等植物创造了生存条件,因此,它是植物界的"拓荒者"之一。

蕨类植物

蕨类植物大约有 1.1 万种,常常生活在茂密的森林里、阴湿的墙角和井边。

◆凤尾蕨　　　　　　　　　　◆肾蕨

走在野外的时候,或许你会看到路边或林下有一株如拳头般卷曲的幼叶,或者不经意间发现一种草本植物的叶背有许多棕色虫卵状的结构(孢子囊群),再或仔细观察到某种草本植物的叶背(特别是叶柄基部)生有一些棕色披针形的毛状结构(鳞片),这些植物都是蕨类植物。可以说,

◆满江红　　　　　　　　　　◆拳卷幼叶

感悟绿色生命的律动

◆叶背的孢子囊

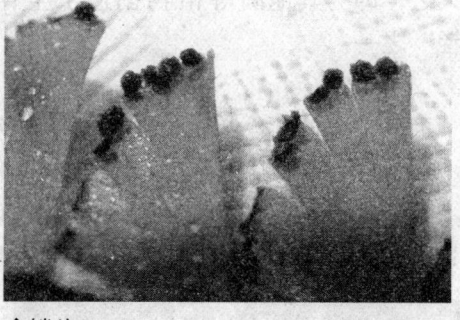
◆鳞片

识别蕨类植物的三把金钥匙是：拳卷幼叶、孢子囊群、鳞片。

植物趣谈

讲解——蕨类植物的生活史

蕨类植物一生要经历两个世代，一个是体积较大、有双套染色体的孢子体世代，另一个是体积微小、只有单套染色体的配子体世代。蕨类的孢子体也就是我们一般熟悉的蕨类植物体，包括根、茎、叶、孢子囊群等结构，其孢子囊中含有

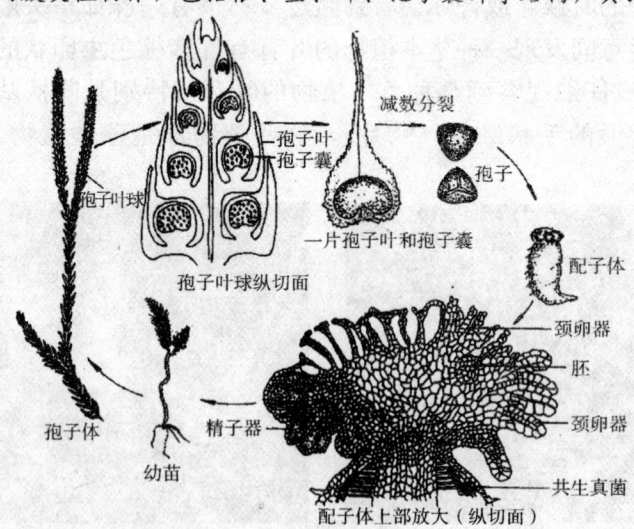

◆蕨类植物生活史

"好大一个家"——植物的类群

孢子。孢子成熟后,借风力或水力散布出去,遇到适宜的环境,即开始萌发生长,最后形成如小指甲大小的配子体,配子体上生有雄性生殖器官(精子器)和雌性生殖器官(颈卵器),精子器里的精子,借助水游入颈卵器与其中的卵细胞结合,形成具有双套染色体的受精卵,如此又进入孢子体世代,即受精卵发育成胚,由胚长成独立生活的孢子体。

种子植物

种子植物是植物界中最高等、最繁茂的一大类群。体内有维管组织,其中含有导管和筛管;生殖时产生花粉管,通过种子来繁殖后代。种子具有不定期休眠和贮存养料的功能。其外层是种皮,如遇干燥、寒冷等情况,种皮能保护胚,保持休眠状态。一旦条件合适,它就立即萌发,用它贮存的养料供胚生长。

◆松(裸子植物)的球果

种子植物大多数是绿色开花植物,结构复杂,对陆地各种不同类型的环境高度适应,形成了各种各样的形态,分布广泛。

根据种子是裸露还是被果实包被,种子植物可以分成裸子植物和被子植物。被子植物可分为单子叶植物和双子叶植物。单子叶植物的种子里有一片子叶,根为须根系,叶多是平行叶脉,茎里的维管束散生,一般无形成层,长成后不再加粗;双子叶植物种子的胚有两片子叶,根为直根系,叶多是网状脉,维管束排列成筒状,有形成层,多年生木本植物的茎能逐年加粗。

感悟绿色生命的律动

家族"奇葩"剪影
——奇花异草

在植物大家族中，有些种类因其特殊的形态结构或生活习性而引起人们的关注，也因此成为了植物界中的"奇葩"。现在，让我们一起走近这些奇花异草！

"滴血"的植物——鸡血藤

云南西双版纳的热带雨林中，长着一种会流血的植物——鸡血藤。

鸡血藤属蝶形花科鸡血藤属植物，集观赏及药用为一身，云南产24种，占中国鸡血藤植物总数的一半以上。滇南、滇西南及滇西北的热带、亚热带地区资源最为丰富。

鸡血藤的特别之处在于它的茎里面含有一种别的豆科植物所没有的物质。当它的茎被切断以后，其木质部就立即出现淡红棕色，不久慢慢变成鲜红色汁液流出来，很像鸡血，因此，人们形象地称它为鸡血藤。

鸡血藤植物用途甚广，在庭园中供棚架庇荫，与紫藤有同样效果，

◆鸡血藤

但其花色更为艳丽，晚夏开花，冬季半常绿，更受欢迎。除供观赏外，藤和根供药用，有散气、活血、舒筋、活络等功效。

"好大一个家"——植物的类群

叶片最大的水生植物——王莲

◆王莲

◆荷兰一植物园里王莲叶片托起熟睡婴

植物趣谈

王莲为睡莲科王莲属植物的统称,包括原生种亚马逊王莲、克鲁兹王莲和两者杂交而成、叶片最大的长木王莲。

王莲是水生有花植物中叶片最大的植物,长到11片叶后,叶缘上翘呈盘状,叶缘直立,叶片圆形,像圆盘浮在水面,直径可达2米以上,叶面光滑,绿色略带微红,有皱褶,背面紫红色,叶柄绿色,长2~4米。每叶片可承重数十千克,二三十千克重的小孩坐在上面也不会沉没(如右上图,2008年7月6日,在荷兰乌得勒支的莱登大学植物园,一个熟睡的婴儿被放在王莲的叶子上)。

◆"王莲大力士"托起姑苏娃

感悟绿色生命的律动

见血封喉——最毒的植物

见血封喉树即箭毒木，其树汁洁白，却奇毒无比，"见血就要命"。只有红背竹竿草才可以解此毒。而红背竹竿草就生长在见血封喉树根部的四周，样子与普通小草无异，只有少数黎族老人才认得这种草。

◆箭毒木　图1　　　　　　　　　　　◆箭毒木　图2

箭毒木是世界上最毒的树，生长在中国云南西双版纳和海南海康。树液剧毒，树液由伤口进入体内引起中毒，主要症状有肌肉松弛、心跳减缓，最后心跳停止而死亡。动物中毒症状与人相似，中毒后20分钟至2小时内死亡。傣族地区有一个"贯三水"的说法，意为用这种树液制成的弓箭射中野兽后，任凭它多么凶猛，跳不出三步，必然倒毙。所以，箭毒木又叫"见血封喉"。

箭毒木为桑科常绿大乔木，又名加独树、加布、剪刀树等，树干基部粗大，具有板根，树皮灰色，春季开花。现为濒临灭绝的稀有树种，国家级保护植物。

"好大一个家"——植物的类群

动动手——上网了解含毒花卉的有关信息

1. 去 Google 或百度。
2. 输入关键词:"含毒花卉",进入有关网站了解一下:哪些花卉是含毒的,它们分别通过哪些途径对人体产生毒性和危害。

广角镜——十大有毒植物

有毒的植物令人产生恐惧感,但是你可曾知道,有些有毒的植物就存在于你我的生活中,就在我们身边。下面这些植物的毒理你知道吗?

柴藤——主要生长在南部和西南部地区,又名云豆树。其全身都具有毒性,尽管有些报告说其花不带毒,但大量报道表明,一旦误食,会引起恶心、呕吐、腹部绞痛、腹泻,要进行相应治疗,如静脉滴注和服用抗恶心药物等。此外,还要小心洋地黄。一旦在野外误食了洋地黄的任一部分,就会先后出现恶心、呕吐、腹部绞痛、腹泻和口腔疼痛症状,甚至会出现心跳异常。医生对此会用洗胃等方法促使排毒,并通过服用药物稳定心脏。

八仙花——外表艳丽,其花色繁多,从玫瑰红、深蓝到绿白色,色泽多样。生长迅速,甚至能长至15英尺(约4.6米)高,已成为装饰庭院的

◆柴藤

◆洋地黄

植物趣谈

感悟绿色生命的律动

◆八仙花

植物趣谈

必选植物。一旦误食了八仙花，几小时后就会出现腹痛症状，另外的典型中毒症状还包括皮肤疼痛、呕吐、虚弱无力和出汗，还有报告说病人甚至会出现昏迷、抽搐和体内血循环崩溃。

百合花——又名五月花。钟形的小白花像美人的脑袋一样娇羞地低垂向下，其实它处处带毒，甚至包括其尖端都具有毒性。只是轻微接触山谷百合或许不会受伤，但如你吃下去一些，就会出现恶心、呕吐、口腔疼痛、腹痛、腹泻和抽筋，心跳变慢或不规律；医生要通过洗胃等方法促使毒素排出，并通过服用药物使心跳复常。

花烛——别名火鹤花、红鹤芋，属植物的叶子和枝茎外形奇特的种类：其叶颜色深绿，心形，厚实坚韧，花蕊长而尖，有鲜红色、白色或者绿色，周围是红色、粉色的佛焰苞，它们全都有毒。此花又名弗拉门戈花或者猪尾巴草。一旦误食，嘴里会感觉又烧又痛，随后会肿胀起泡，嗓音变得嘶哑紧张，并且吞咽困难。多数症状会随着时间过去而减轻直至消失，如果想减轻痛苦，可以选择服用清凉液体、止痛药丸或者甘草类和亚麻仁的食物。

◆火鹤花

菊花——是大家熟悉的品种，花形艳丽，颜色多样，是万圣节和感恩节期间人们经常用来装饰前庭的盆栽之一。有的园丁种植菊花是为了不让兔子前来捣乱，其原因就在于此花头部具有某种毒性，对人类也是如此。但欣慰的是，虽然碰触到菊花会让人有点疼痛和肿胀感，但医生只会对此作一般的过敏或炎症处理。

夹竹桃——夹竹桃的每一个部位都有毒，哪怕只是不小心吸入了一点焚烧夹

"好大一个家"——植物的类群

竹桃产生的烟雾,也会带来不适。另外,用其树枝进行烧烤或饮用曾经放置有红色、粉色或白色夹竹桃花的水,都会产生中毒症状。夹竹桃中毒的典型症状是心率改变,有时是心跳过缓,有时是心悸,有时会出现高钾现象,医生所做的就是通过药物使中毒者的心跳变得规律,同时服用催吐药物、洗胃和吃吸收性强的木炭来吸收体内毒素。

◆夹竹桃

小叶橡胶树——又被称为本杰明树,其叶子和树茎内均含有有毒的牛奶状树液。这类植物又分为树类、灌木、蔓类等,约800个种类,多数是在室内盆栽,有些品种在温暖地区也可种于室外,甚至能长到75英尺(约23米)高。对小叶橡胶树中毒的最坏后果是皮肤疼痛肿胀,医生会当作过敏或炎症来处理。

◆小叶橡胶树

杜鹃花——因花形优美而在春天的庭院里怒放得格外引人注目,但实际上其叶子具有毒性,连用杜鹃花粉酿制的花蜜也有毒,误食其中之一会感到嘴里火烧火燎,然后可能出现的症状包括越来越明显的流涎症、恶心、呕吐和皮肤刺痛感。随之而来的还有头痛、肌肉无力、视物模糊等。还会出现心跳过慢、心律失常,严重者还会陷入昏迷或致命的抽搐。当然,在此之前,医生会想办法减轻中毒后果,使误食者呼吸更顺畅一些,并让其服用药物,使心跳恢复正常。

水仙花——黄白两色相间的水仙花被视为春的使者,又叫长寿花,实际上如果较大量地食用其球茎,会有温和的毒性。有些人会将它和洋葱混为一谈。误食水仙花球茎会出现恶心、呕吐、腹痛和腹泻等症状,如果病情严重或者病人是儿童,医生会建议采取静脉滴注或口服药物的方法来减轻恶心、呕吐等病状。

植物趣谈

感悟绿色生命的律动

植物中的"变色龙"——红吉尔花

美国北亚利桑那大学的科学家连续三年在费恩山上观察一种红吉尔花，发现它竟会改变颜色。这种花，在海平面地区开着鲜红色的花，可是，在海拔越高的山上，它的颜色变得越淡，呈现淡红、粉红以至白色。他们进一步研究后发现，原来红吉尔花颜色的改变和不同的动物的授粉有关。生活在海平面的蜂鸟，是红吉尔花适合传粉的对象；而生活在高山的鹰蛾，却是在夜间为浅色的红吉尔花传粉的使者，这是夜间觅食的鹰蛾，较容易发现浅色的花朵的缘故。奇怪的是，费恩山上早开的一批红吉尔花，开着鲜红色的花，这时蜂鸟还在，可是当蜂鸟迁栖他处以后，迟开的一批红吉尔花的颜色变得淡了。这似乎是在适应鹰蛾的传粉。简直是妙极了！

当然其中的机理，目前还不清楚。可是这个发现，却意味着"植物被认为是被动"的观念，被这种事实所打破了。同时，植物颜色的变异，并不是无足轻重的，而是有重要价值的。

植物趣谈

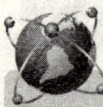 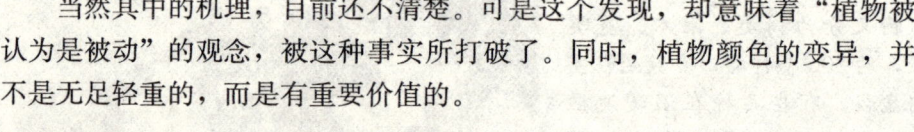

广角镜——缤纷的植物世界

◆降落伞花

降落伞花——是一种奇异的植物，它的花朵呈现出降落伞的形状，内部的花瓣犹如灯丝一样连接四周，花朵中心就像是一根毛茸茸的"棒棒糖"从内部伸出。当有昆虫被花朵的气味吸引而来时，就会被管状物包裹其中，从而成为降落伞花的营养餐。

捕虫堇——是一种典型的"机会主义者"，它们会紧紧抓住所有降落到它们叶子表面的昆虫并立即开始消化猎物。捕虫堇的上表面覆盖着

"好大一个家"——植物的类群

一层黏性消化酶,这种消化酶不仅可以粘住并消化昆虫等猎物,还可以吸收这些昆虫身上所携带的花粉中的营养。

◆捕虫堇　　　　◆龙血树

寿命最长的树——科学家在非洲俄尔他岛考察时,曾发现一棵树龄已高达8000岁的龙血树,可惜这棵树已被大风暴折断。也正因为它被风暴折断了主干,人们才能通过观察它树干断裂处的年轮知道其准确的年龄。这棵龙血树是目前世界上已知的最高寿的植物。

最大的花——印度尼西亚爪哇岛的热带森林中,生长着一种闻名于世的大花草,它无叶、无根,寄生于其他植物的茎上,花朵直径达1米多,是世界上最大的花。

提供饮料的树——生长于巴西的瓶子树,高30米,树干圆圆的像个"大肚子",中间直径可达5米,可以储藏2吨水。旅行者口渴时,只要在树干上挖个小洞,清新解渴的"饮料"就会源源流出。

◆大花草

会长面包的树——这是生长在巴西、印度、斯里兰卡等国家和非洲热带地区的一种十分高大的树,能在树枝和树干上结出一个个圆球形的大果实。其果实约有1~2千克重,营养十分丰富,

感悟绿色生命的律动

不但含有淀粉、脂肪、蛋白质，维生素也很多。把果实放在火上烧烤后，颜色和样子十分像白面包，而且还带有面包的香味。吃起来有点甜，又有点酸。所以，科学家就把这种树命名为"面包树"。

"独木成林"的榕树——一棵树能成为一片森林，这是榕树的奇特景观。原来榕树枝丫上长出的气生根，能下垂钻入土中，成为一根根支柱，长得密密麻麻，俨然形成一片森林。

◆瓶子树

植物趣谈

◆面包树

◆榕树

"好大一个家"——植物的类群

植物家族中的"大熊猫"
——我国的濒危、珍稀植物

我国幅员辽阔,自然条件复杂,蕴藏着十分丰富的植物资源,仅高等植物就有3万多种,孕育了庞大的植物大家族。其中有不少是闻名世界的"稀世之宝",也有一些是濒危植物,它们未来也许会从我们的视野中消失,其中部分珍稀物种同时就是濒危物种。世界各国植物学界对我国的植物资源评价极高,誉称为"园林之母"。

◆普陀鹅耳枥

我国的濒危植物

普陀鹅耳枥——我国现存1株。属桦木科落叶乔木,濒危种,国家1级保护植物,中国特有种。20世纪50年代时,普陀山尚有数棵此树,后来因为开荒垦殖等原因遭到破坏。

普陀鹅耳枥为我国特有种,只产于舟山群岛普陀岛。由于植被破坏,生存环境恶化,目前仅有一株保存于该岛佛顶山。又因其开花结实期间常受大风侵袭,致使结实率很低,种子即将成熟时,受台风影响而常被吹落,更新能力极弱,树下及周围不见幼苗,已处于濒临灭绝境地。

绒毛皂荚——据调查,绒毛皂荚在湖南南岳山原有老树5株,现仅存2株。该种仅产于湖南南岳广济寺附近山谷和溪边。对仅存的老树应严加保护,并积极开展繁殖、引种研究,长沙已有栽培。

绒毛皂荚为极稀少的树种,该种和肥皂荚属是云实亚科两个较原始的

感悟绿色生命的律动

植物趣谈

◆普陀鹅耳枥

◆绒毛皂荚

属,受到许多学者重视,保护本种有科学意义。它木材致密,为重要用材树种。荚果富含胰皂素,可作丝绸及家具的洗涤剂。树冠优美,荚果密被金黄色绒毛,悬垂枝头,微风吹动,金光闪闪,甚为美观,宜作为庭园观赏树种。鉴于上述情况本种被定为国家2级重点保护野生植物(国务院1999年8月4日批准)。

百山祖冷杉——仅分布于浙江南部庆元县百山祖南坡海拔约1700米的林中。现仅存3株。松科常绿乔木,濒危种,国家1级保护植物,中国特有种。百山祖冷杉是我国特有的古老残遗植物,也是我国东南沿海唯一残存至今的冷杉属植物。1987年,国际物种生存保护委员会将百山祖冷杉公布为世界上最受严重威胁的12个濒危物种之一。

羊角槭——为落叶乔木,高15米,胸径60厘米,主干略带扭曲状;树皮灰褐色或深褐色,具发达的木栓;小枝圆柱形,嫩枝淡紫色或紫绿

"好大一个家"——植物的类群

◆百山祖冷杉

◆羊角槭

色,被褐色或淡黄色短柔毛。

现仅存4株槭树科落叶乔木,濒危种,国家2级保护植物,中国特有种。本种和日本北海道产的日本羊角槭的亲缘关系极为密切,后者的大化石(叶及种子)发现于日本第三纪中新世、上新世及更新世的地层中。羊角槭可能和日本羊角槭起源于同一地质年代,是一个古老的残遗种,对研究植物地理学和古植物学均具有一定意义。

天目铁木——濒危种,现仅存5株,桦木科落叶乔木,国家1级保护植物,中国特有种。天目铁木的分布极窄,数量极少,仅产浙江西天目山。其中1株损伤严重,胸径达1米的大树主干顶梢已断。另高达18～21米的4株,其中下部侧枝几乎全部砍掉,生境受到破坏,更新能力很弱,幼苗极少,若不采取有效措施,将有灭绝的危险。

滇桐——为椴树科常绿大乔木,现仅存6株,濒危种,国家2级保护植物。为我国西南特有种,也是滇桐属的主要树种之一,在区系地理研究和选育珍贵树种应用中均具有重要价值。

膝柄木——是一种热带树种,板根

植物趣谈

◆天目铁木

感悟绿色生命的律动

◆滇桐

◆膝柄木

明显，露出地面的根，还能萌发出植株，生长迅速。现仅存10株，是矛科半常绿乔木，濒危种，国家1级保护植物。我国仅此一种。广西西南部发现的膝柄木为该属分布最北的种类，对研究我国种子植物区系地理及其热带亲缘具有重要的科学价值。

我国的珍稀植物

望天树

中国树木中的"巨人"，目前能摘取中国最高树木桂冠的，恐怕就只有高达80米的望天树了。我国的望天树，是1974年在西双版纳州勐腊县境内的补蚌首次发现的。当时，植物科学工作者根据勐腊县林业局提供的线索，到补蚌进行考察，发现在森林茂密的沟谷边，这样的树成片分布，它们一股劲地往上生长，占地面积很小，一亩地范围内往往矗立着10多棵，这里共有100多棵，形成了一个小小的群落。植物科学工作者从这种树的叶、花、果实的结构和形态，鉴定出它是龙脑香科的一个新种，并赋予它一个形象生动的名字——望天树，意思是"仰头看天才能看到树顶"。

"好大一个家"——植物的类群

从此,在中国植物的目录中又多了"望天树"三个闪闪发光的大字。

望天树树体高大,干形圆满通直,不分叉,树冠像一把巨大的伞,而树干则像伞把似的,西双版纳的傣族因此把它称为"埋干仲"(伞把树)。

望天树是我国1级保护植物。一般高达60多米,胸径100厘米左右,最粗的可达300厘米。高耸挺拔的树干竖立于森林绿树丛中,比周围高30~40米的大树还要高出20~30米,真是直通九霄,大有刺破青天的架势。花期为3~4月。

◆望天树

如果说望天树只是长得高,那当然不见得有那么珍贵,当然也无指望被列为国家1级保护植物了。它的名贵,还在于它是龙脑香科植物,是热带雨林中的一个优势科。曾经有"中国十分缺乏龙脑香科植物"、"中国没有热带雨林"的论断,然而望天树的发现,不仅使得这些论点被彻底推翻,而且还证实了中国存在真正意义上的热带雨林。

雪莲花

中文名称:雪莲花
外文名称:Saussurea involucrata
别称:大苞雪莲,荷莲,优钵罗花
界:植物界
门:被子植物门
纲:双子叶植物纲
亚纲:菊亚纲
目:菊目
科:菊科
分布区域:新疆,西藏,青海,甘肃

雪莲花生长于高山上,以流沙滩上的岩石缝中较多。是菊科多年生草

感悟绿色生命的律动

◆雪莲花　　　　　　　　　　　　◆含苞待放的雪莲

植物趣谈

本植物，植株低矮，全身长着长而厚的白色绵毛。花紫红色，由10多张大苞叶围着，外形很像莲花，是一种名贵的中草药。分布在我国的喜马拉雅山脉和青藏高原等地方。

华盖木

华盖木，稀有种，国家1级重点保护野生植物（国务院1999年8月4日批准）。华盖木为我国特有的单种属植物，是木兰科亚科顶生花木兰族中的原始类群，对木兰科分类系统和古植物学区系等研究有学术价值。树干挺拔通直，木材结构细致，有丝绢般的光泽，耐腐、抗虫，是滇东南珍稀的用材树种。花色艳丽而芳香，可选作为庭园观赏树种。

◆华盖木

"好大一个家"——植物的类群

历史的见证——"活化石"植物

在漫漫的生命进化历程中，很多古代动植物由于种种原因灭绝了。但是有这样一类生物，它们在生境不变、成活率极低的情况下，在几百万年时间内几乎没有发生变化，依然在植物大家族中占有一席之地。于是相应地就形成了一些延续了上千万年的古老生物，同时代的其他生物早已灭绝，只有它们保留下来，生活在一个极其狭小的区域，被称为"活化石"。和原来相比，它们在种系发生中的某一线系长期未发生前进进化，也未发生分支进化，更未发生线系中断，而是处于停滞进化状态，并仍然是现存的种类。

"活化石"植物听似很玄，其实有些种类是大家所熟悉的。让我们来认识一下它们吧！

银 杉

银杉是松科的常绿乔木，主干高大通直，挺拔秀丽，枝叶茂密，尤其是在其碧绿的线形叶背面有两条银白色的气孔带，每当微风吹拂，便银光闪闪，更加诱人，银杉的名称因此而来！

远在地质时期的新生代第三纪时，银杉就曾广泛分布于北半球的欧亚大陆，在德国、波兰、法国及前苏联曾发现过它的化石。但是，距今200万～300万年前，地球覆盖着大量冰川，几乎席卷整个欧洲和北美。当时欧亚的大陆冰川势力并不大，有些地理环

◆银杉

植物趣谈

感悟绿色生命的律动

◆银杉

境独特的地区，没有受到冰川的袭击，而成为某些生物的避风港。银杉、水杉和银杏等珍稀植物就这样被保存了下来，成为历史的"见证者"。

银杉在我国首次发现的时候，和水杉一样，也曾引起世界植物界的巨大轰动。那是1955年夏季，我国的植物学家钟济新带领一支调查队到广西桂林附近的龙胜花坪林区进行考察，发现了一株外形很像油杉的苗木，后来又采到了完整的树木标本，他将这批珍贵的标本寄给了陈焕镛教授和匡可任教授，经他们鉴定，认为这就是地球上早已灭绝的，现在只保留着化石的珍稀植物——银杉。20世纪50年代发现的银杉数量不多，且面积很小。自1979年以后，人们在湖南、四川和贵州等地又发现了十几处银杉，共1000余株。

银杉为古老的残遗植物，该属的花粉曾在欧亚大陆第三纪沉积物中发现。其形态特殊，胚胎发育与松属植物相近，对松科植物的系统发育、古植物区系、古地理及第四纪冰期气候等，均有较重要的科研价值。

香果树

◆香果树

香果树为我国亚热带中山或低山地区的落叶阔叶林或常绿、落叶阔叶混交林的伴生树种，分布范围虽然较广，但多零散生长。落叶乔木，叶对生。它是茜草科落叶大乔木，古老孑遗植物。由于毁林开荒和乱砍滥伐，加上种子萌发力较低，天然更新能力差，因而其分布范围逐渐缩减，植株日益减少，大树、老树更是罕见。

"好大一个家"——植物的类群

香果树为我国特有单种属植物,对研究茜草科系统发育和我国南部、西南部的植物区系等均有一定意义。木材供建筑、家具等用。树姿优美,花大而艳丽,又为优良的观赏植物。

银 杏

银杏为落叶大乔木,叶互生,在长枝上辐射状散生,在短枝上3~5枚簇生,有细长的叶柄,扇形,两面淡绿色。雌雄异株,稀同株。

银杏最早出现于3.45亿年前的石炭纪。曾广泛分布于北半球的欧、亚、美洲,中生代侏罗纪银杏曾广泛分布于北半球,白垩纪晚期开始衰退。至50万年前,发生了第四纪冰川运动,地球突然变冷,绝大多数银杏类植物濒于绝种,在欧洲、北美和亚洲绝大部分地区灭绝,只有中国自然条件优越,才奇迹般地保存下来。所以,被科学家称为"活化石"、"植物界的熊猫"。野生状态的银杏残存于中国江苏徐州北部(邳州市)、山东南部临沂(郯城县)地区和浙江西部山区。浙江天目山,湖北省安陆市、大别山、神农架等地都有野生或半野生状态的银杏群落。由于个体稀少,雌雄异株,如不严格保护和促进天然更新,残存林将被取代。银杏分布大多属于人工栽培区域,主要大量栽培于中国、法国和美国南卡罗莱纳州。毫

◆3500岁古银杏树

◆银杏叶

植物趣谈

感悟绿色生命的律动

无疑问，国外的银杏都是直接或间接从中国传入的。

银杏为银杏科中唯一生存着的种类，是著名的活化石植物，又是珍贵的药材和干果树种，由于具有许多原始性状，对研究裸子植物系统发育、古植物区系、古地理及第四纪冰川气候有重要价值。叶形奇特而古雅，是优美的庭园观赏树。对烟尘和二氧化硫有特强的抵抗能力，为优良的抗污染树种。种子可作干果。叶、种子还可作药用。

鹅掌楸

植物趣谈

◆马褂木（即鹅掌楸）

◆鹅掌楸的叶

鹅掌楸又称马褂木，属木兰科，鹅掌楸属。木兰科为古老被子植物，本属在中生代白垩纪中期，第三纪早～中期分布于北半球纬度较高的北欧、格陵兰和阿拉斯加等地。到了新生代第三纪，广泛分布在欧亚大陆和北美洲，第四纪冰川以后仅在我国的南方和美国的东南部有分布（同属的两个种），成为孑遗植物。

因此，鹅掌楸和北美鹅掌楸都是十分罕见而古老的树种，它们对于研究东亚植物区系和北美植物区系的关系，对于探讨北半球地质和气候的变迁，具有十分重要的意义。

鹅掌楸为落叶乔木，树高达40米，胸径1米以上。叶互生，长4～18厘米，宽5～19厘米。叶形如马褂——叶片

"好大一个家"——植物的类群

的顶部平截,犹如马褂的下摆;叶片的两侧平滑或略微弯曲,好像马褂的两腰;叶片的两侧端向外突出,仿佛是马褂伸出的两只袖子,故鹅掌楸又叫马褂木。花单生枝顶,花被片9枚,外轮3片萼状,绿色,内二轮花瓣状黄绿色,基部有黄色条纹,形似郁金香。因此,它的英文名称是"Chinese Tulip Tree",译成中文就是"中国的郁金香树"。

珙 桐

◆珙桐

◆珙桐的花

珙桐有"植物活化石"之称,是国家8种1级重点保护植物中的珍品,为我国独有的珍稀名贵观赏植物,又是制作细木雕刻、名贵家具的优质木材,因其花形酷似展翅飞翔的白鸽而被西方植物学家命名为"中国鸽子树"。为我国特有的单属植物,也是全世界著名的观赏植物,系第三纪古热带植物区系的孑遗种。在第四纪冰川时期,大部分地区的珙桐相继灭绝,只有在我国南方一些地区幸存下来,成为植物界今天的"活化石"。由于森林的砍伐破坏及挖掘野生苗栽植,目前数量较少,分布范围也日益缩小,若不采取保护措施,有被其他阔叶树种更替的危险。

感悟绿色生命的律动

珙桐为落叶乔木,树皮呈不规则薄片脱落。单叶互生,在短枝上簇生,叶纸质,宽卵形或近心形,先端渐尖,基部心形,边缘粗锯齿,叶柄长4～5厘米,花杂性,由多数雄花和一朵两性花组成顶生头状花序。花序下有2片白色大苞片,纸质,椭圆状卵形,长8～15厘米。

珙桐的花紫红色,由多数雄花与一朵两性花组成顶生的头状花序,宛如一个长着"眼睛"和"嘴巴"的鸽子脑袋,花序基部两片大而洁白的苞片,则像是白鸽的一对翅膀。4～5月间,当珙桐花开时,白色的苞片在绿叶中浮动,犹如千万只白鸽栖息在树梢枝头,振翅欲飞,非常美观,因此西方植物学家称其为"鸽子树"。

桫椤

植物趣谈

◆桫椤

桫椤科植物是一个较古老的类群,中生代曾在地球上广泛分布。在距今约1.8亿年前,桫椤与恐龙一样,同属"爬行动物"时代的两大标志,曾经是地球上最繁盛的植物。但经过漫长的地质变迁,地球上的桫椤大多死亡,只有极少数在被称为"避难所"的地方才能追寻到它的踪影。

桫椤由于地质变迁和气候变化,特别是第四纪冰期的影响,加之大量森林被破坏,种类濒临灭绝,分布区也大幅度收缩,仅残存于热带、亚热带。脆弱环境中的"避难",引起我国植物学家及各界有识之士的重视和焦虑。

由于桫椤科植物的古老性和孑遗性,它对研究物种的形成和植物地理区系具有重要价值,它与恐龙化石并存,在重现恐龙生活时期的古生态环境、研究恐龙兴衰、地质变迁方面具有重要参考价值。

"好大一个家"——植物的类群

"不速之客"——外来入侵植物

由于引种等原因，植物大家族不得不面临一位"不速之客"——外来入侵植物的到来。植物外来入侵就是指因人为或自然原因，从原来的生长地进入另一个环境，并对该环境的生物、农林牧渔业生产造成损失，给人类健康造成损害，破坏生态平衡的植物。

入侵植物的一个最大特点就是，进入新环境后，生存能力非常强，抢夺了周围其他生物的生存空间和养分。另外，入侵植物自身可能带有毒素，能给当地动植物带来意想不到的疾病。这是不是危言耸听呢？让我们一探究竟！

紫茎泽兰

紫茎泽兰是菊科泽兰属多年生杂草，原产美洲墨西哥至哥斯达黎加一带。株高1～2米，寿命可达12～15年。其叶片卵形、三角形或菱状卵形，果实黑褐色。紫茎泽兰被作为观赏植物先引种到欧洲，后又被引种到大洋洲和亚洲，现已广泛分布于热带、亚热带的30多个国家和地区。紫茎泽兰具有有性和无性两种繁殖方式，种子能随风飞扬，生命力极强，能够在多种环境中生存，在与本土植

◆紫茎泽兰

物的生存斗争中占有很大的优势，能够迅速占领裸露地面和原有的草山草坡，所到之处成为一片"绿色沙漠"，严重威胁生物多样性。

紫茎泽兰大约于20世纪40年代由中缅边境传入我国云南省，现已在

感悟绿色生命的律动

◆紫茎泽兰在石头缝里也能顽强生长

◆紫茎泽兰和青菜各占半边地

云南、贵州、四川、广西、西藏等省区广泛分布,在云南省分布最广,并以每年大约60千米的速度向东和北传播。例如,紫茎泽兰已将四川的广大的优良草场变成自己的王国,使当地的畜禽养殖业受到重创。

紫茎泽兰能治病,特别是在活血化瘀方面有其独到之处。它还是化工、建材等方面的原料。但是其大量生长使其负面效应远远超过正面效应:入侵农田,影响作物产量;入侵林地则排斥其他灌木,影响苗木生长,严重抑制树种的天然更新和森林恢复……

对紫茎泽兰的控制还没有较好的办法,不但要通过物理、化学、生物等多种措施来控制其生长、传播,也应加强研究和技术应用,利用其有益方面为人类作贡献。

凤眼莲

凤眼莲,又称水葫芦。原产于南美,在原产地巴西由于受生物天敌的控制,仅以一种观赏性种群零散分布于水体,1844年在美国的博览会上曾被喻为"美化世界的淡紫色花冠"。此后,水葫芦就被作为观赏植物引种栽培,现已在亚、非、欧、北美洲等数十个国家造成危害,并形成患害。

◆凤眼莲

"好大一个家"——植物的类群

19世纪期间引入东南亚，1901年作为花卉引入中国，30年代作为畜禽饲料引入中国内地各省，并作为观赏和净化水质的植物推广种植，后逃逸为野生。由于其无性繁殖速度极快，现已广泛分布于华北、华东、华中、华南和西南的19个省市，尤以云南（昆明）、江苏、浙江、福建、四川、湖南、湖北、河南等省的入侵严重，并已扩散到温带地区，如锦州、营口一带均有分布。

◆凤眼莲覆盖的水域

水葫芦曾是人类的良朋益友，然而由于繁殖迅速，又几乎没有竞争对手和天敌（虽然有多种野生、家养动物以其茎叶为食，但取食量较小，与其庞大的生长量相比毫无影响），在我国南方江河湖泊中发展迅速，成为我国淡水水体中主要的外来入侵物种之一。

在南方凤眼莲已经泛滥成灾，比如现在的珠江水系已经遍布凤眼莲（据统计，珠江水系凤眼莲每十年数目增长十倍！）。入侵最严重的地区，最早被报道的有滇池，其他还有太湖流域等。2009年6月，央视报道了凤眼莲对福建闽江流域水口电站和沙溪口水电站的巨大压力，在库区已经形成数万亩的聚集带，壮观之极，犹如茫茫草原，人工打捞需要2个月以上，对发电、航运和生态环保构成极大压力。凤眼莲的疯长和水电发展饱和、大坝过多、水体流动缓慢、水体富营养化、化学需氧量（COD）严重超标有关。

加拿大一枝黄花

加拿大一枝黄花，又名黄莺、麒麟草。这种花色泽亮丽，为加拿大进口花卉，在花市上被称为"幸福草"，常用于插花中的配花。加拿大一枝黄花1935年作为观赏植物引入中国。

加拿大一枝黄花是外来生物，引种之后逸生成杂草，并且是恶性杂草。加拿大一枝黄花主要生长在河滩、荒地、公路两旁、农田边、农村住宅四周。它是多年生植物，根状茎发达，繁殖力极强，传播速度快，生长

感悟绿色生命的律动

优势明显，生态适应性广阔。除种子繁殖外，还有极强的无性生殖能力——通过地下茎横向扩展。株高2～3米，与周围植物争阳光、争肥料，挤死所有周围其他植物，即使在水泥地上都毫无畏惧，从而对生物多样性构成严重威胁。上海地区30多种土著植物物种已遭它的扼杀，黄花过处寸草不生，故被称为生态杀手、霸王花。

◆加拿大一枝黄花

互花米草

◆互花米草

互花米草是一种滩涂草本植物，原产于美国东海岸。有1米多高，根系相当发达，繁殖能力极强。1979年被引入我国，曾被认为是保滩护堤、促淤造陆的最佳植物。但如今，互花米草霸占了崇明岛的海滩，它不但霸占沿海滩涂植物的生存空间，而且导致贝类、蟹类、藻类和鱼类等多种生物窒息死亡，使水产养殖业遭受重大损失，严重破坏了沿海滩涂生态环境。

"好大一个家"——植物的类群

 **万花筒**

入侵者互花米草遇克星

和"一枝黄花"、"水葫芦"齐名的外来入侵物种——互花米草,被专家找到根治良方。华东师大宣布,通过"刈割＋水位控制"技术,可有效控制互花米草的生长和扩散,目前该研究成果已获得国家专利。该技术有望在崇明东滩保护区推广。

据介绍,这一技术的原理是在互花米草生长的关键时期,通过割除互花米草,抬高水位,不让互花米草呼吸,阻止它光合作用,从而抑制其生长和过度扩散。两三个月后,互花米草的地上部分、根茎就会死亡而腐烂。

空心莲子草

空心莲子草,俗称水花生,原产于美洲。1892年在上海附近岛屿出现,20世纪30年代,侵华日军将水花生作为军马饲料大量引入上海,现在上海郊区、江苏、湖北等地水域肆虐生长,湖北洪湖就有上万亩水域被其覆盖,严重影响水质和本埠植物生长。同时,也是日寇侵

◆空心莲子草

华的一大罪证。在50年代,水花生被作为猪饲料推广栽培,此后逸生导致草灾,广泛分布在上海及华东地区。繁殖能力强,入侵湿地、农田,危害农作物。据统计,水花生对水稻、小麦、玉米、山芋和莴苣等作物全生育期引致的产量损失分别达45％、36％、19％、63％和47％。

"科学就在你身边"系列

感悟绿色生命的律动

拓展思考

1. 看了上述关于外来入侵植物的介绍,你能否归纳出它们有哪些共同特征?

2. 人们为什么会将这些植物称为"外来入侵植物"呢?

3. 利用互联网,查找一下,对于这些外来入侵植物,我们就真的束手无策了吗?在这方面我们已经取得了哪些治理成果?

植
物
趣
谈

"好大一个家"——植物的类群

与时俱进，大家族有了新成员
——转基因植物

随着科学技术的发展，越来越多的国家开始了转基因植物的研究，转基因植物也无可厚非地成为了大家族的新成员。转基因植物的研究宗旨主要在于改进植物的品质，改变生长周期或花期等，提高其经济价值或观赏价值；作为某些蛋白质和次生代谢产物的生物反应器，进行大规模生产；研究基因在植物个体发育中，以及正常生理代谢过程中的功能。

转基因工程自20世纪70年代诞生以来，已经得到迅速的发展。目前，转基因生物技术的研究，大多分布在抗虫基因工程、抗病基因工程、抗逆基因工程、品质基因工程、品质改良基因工程、控制发育的基因工程等领域。如抗虫基因工程将Bt基因（苏云金芽胞杆菌基因）导入棉花、玉米、水稻、烟草、马铃薯等作物，毒杀害虫；或将胶蛋白酶抑制剂基因导入作物，干扰害虫消化作用，而导致害虫死亡。英国爱丁堡大学将水母发光基因导入烟草、芹菜、马铃薯等作物，获得发光作物，驱赶害虫。目前在其他转基因工程方面也取得了许多成果，在此不再一一例举。总之在作物种类方面，大多集中在大豆、玉米、棉花、油菜、马铃薯、南瓜、木瓜、西葫芦七大类作物。

转基因技术

运用科学手段从某种生物中提取所需要的基因，将其转入另一种生物中，使之与另一种生物的基因进行重组，从而产生特定的具有优良遗传性状的物质。利用转基因技术可以改变生物体的性状，培育新品种。也可以利用其他生物体培育出人类所需要的生物制品，用于医药、食品等方面。

将人工分离和修饰过的基因导入到生物体基因组中，由于导入基因的表达，引起生物体的性状的可遗传的修饰，这一技术称之为转基因技术

感悟绿色生命的律动

(Transgene technology)。人们常说的"遗传工程"、"基因工程"、"遗传转化"均为转基因的同义词。经转基因技术修饰的生物体在媒体上常被称为"遗传修饰过的生物体"(Genetically modified organism,简称 GMO)。

转基因技术,包括外源基因的克隆、表达载体、受体细胞,以及转基因途径等,外源基因的人工合成技术、基因调控网络的人工设计发展,导致了 21 世纪的转基因技术将走向合成生物学时代。

 **广角镜——真正蓝玫瑰面世 转基因技术造就**

植物趣谈

◆蓝玫瑰

2008 年 11 月初闭幕的东京国际花卉博览会上,全球首批真正的蓝玫瑰首次在公众面前亮相。

近年出现在花卉市场上的蓝玫瑰实际上是采用染色技术培育而成的白玫瑰。这次花卉博览会上展出的才是名副其实的蓝玫瑰。

这种蓝玫瑰是转基因玫瑰,被植入三色紫罗兰所含的一种能刺激蓝色素产生的基因,花瓣因而自然呈现蓝色。蓝玫瑰由日本三得利公司澳大利亚分支机构研究培育。完成蓝玫瑰在自然环境中的生长实验和研究后,三得利公司计划第二年秋季把蓝玫瑰推向市场,预计市场规模可达数百亿日元。

转基因移植作物

目前,农作物生物技术育种的研究已经不再处于实验室阶段,而是进

"好大一个家"——植物的类群

与时俱进，大家族有了新成员
——转基因植物

随着科学技术的发展，越来越多的国家开始了转基因植物的研究，转基因植物也无可厚非地成为了大家族的新成员。转基因植物的研究宗旨主要在于改进植物的品质，改变生长周期或花期等，提高其经济价值或观赏价值；作为某些蛋白质和次生代谢产物的生物反应器，进行大规模生产；研究基因在植物个体发育中，以及正常生理代谢过程中的功能。

转基因工程自20世纪70年代诞生以来，已经得到迅速的发展。目前，转基因生物技术的研究，大多分布在抗虫基因工程、抗病基因工程、抗逆基因工程、品质基因工程、品质改良基因工程、控制发育的基因工程等领域。如抗虫基因工程将Bt基因（苏云金芽胞杆菌基因）导入棉花、玉米、水稻、烟草、马铃薯等作物，毒杀害虫；或将胶蛋白酶抑制剂基因导入作物，干扰害虫消化作用，而导致害虫死亡。英国爱丁堡大学将水母发光基因导入烟草、芹菜、马铃薯等作物，获得发光作物，驱赶害虫。目前在其他转基因工程方面也取得了许多成果，在此不再一一例举。总之在作物种类方面，大多集中在大豆、玉米、棉花、油菜、马铃薯、南瓜、木瓜、西葫芦七大类作物。

转基因技术

运用科学手段从某种生物中提取所需要的基因，将其转入另一种生物中，使之与另一种生物的基因进行重组，从而产生特定的具有优良遗传性状的物质。利用转基因技术可以改变生物体的性状，培育新品种。也可以利用其他生物体培育出人类所需要的生物制品，用于医药、食品等方面。

将人工分离和修饰过的基因导入到生物体基因组中，由于导入基因的表达，引起生物体的性状的可遗传的修饰，这一技术称之为转基因技术

感悟绿色生命的律动

(Transgene technology)。人们常说的"遗传工程"、"基因工程"、"遗传转化"均为转基因的同义词。经转基因技术修饰的生物体在媒体上常被称为"遗传修饰过的生物体"(Genetically modified organism,简称GMO)。

转基因技术,包括外源基因的克隆、表达载体、受体细胞,以及转基因途径等,外源基因的人工合成技术、基因调控网络的人工设计发展,导致了21世纪的转基因技术将走向合成生物学时代。

广角镜——真正蓝玫瑰面世　转基因技术造就

2008年11月初闭幕的东京国际花卉博览会上,全球首批真正的蓝玫瑰首次在公众面前亮相。

近年出现在花卉市场上的蓝玫瑰实际上是采用染色技术培育而成的白玫瑰。这次花卉博览会上展出的才是名副其实的蓝玫瑰。

这种蓝玫瑰是转基因玫瑰,被植入三色紫罗兰所含的一种能刺激蓝色素产生的基因,花瓣因而自然呈现蓝色。蓝玫瑰由日本三得利公司澳大利亚分支机构研究培育。完成蓝玫瑰在自然环境中的生长实验和研究后,三得利公司计划第二年秋季把蓝玫瑰推向市场,预计市场规模可达数百亿日元。

◆蓝玫瑰

转基因移植作物

目前,农作物生物技术育种的研究已经不再处于实验室阶段,而是进

"好大一个家"——植物的类群

入了实际应用,走到了商业化阶段。种植的转基因植物种类主要有:大豆(占54%),玉米(占28%),棉花(占9%),油菜(占9%),马铃薯、西葫芦和木瓜的比例都小于1%。按转基因植物的性状划分,抗除草剂占71%,如抗除草剂的大豆(54%)、油菜(9%)、

◆Bt(苏云金芽胞杆菌基因)转基因棉花

玉米(4%)和棉花(4%);抗虫转基因植物占22%,主要是抗虫玉米(19%)和抗虫棉花(3%);抗虫兼抗除草剂占7%,主要是抗虫兼抗除草剂的玉米(5%)和棉花(2%);抗病毒和其他性状转基因植物的比例小于1%。

据1996年我国生物技术学会统计,我国投入研究和开发的转基因植物达47种,涉及各类基因103种。近年来有近20种转基因植物进入了田间试验或环境释放阶段。至1999年,农业部批准可进行商业化生产的国内研制的转基因植物有5种,它们分别是:抗虫棉花、改变花色的矮牵牛、延熟番茄、抗病毒的甜椒和番茄。

万花筒——含乙肝疫苗的转基因土豆

美国科学家培育出一种转基因土豆,能起到乙肝疫苗的作用。这一成果可能对发展中国家的乙肝防治工作有所帮助。乙肝病毒侵害肝脏,每年在全世界夺去约50万人的生命。但传统乙肝疫苗需要冷藏,这在发展中国家的边远地区很难做到。此外,医务人员也经常需要花精力去判断,价格不菲的乙肝疫苗是否在运输过程中因意外受热而失效。

美国州立亚利桑那大学生物学家查尔斯·阿恩岑及其同事培育出了一种无需冷藏、可以食用的乙肝疫苗土豆,解决了这一问题。他们从乙肝病毒中取出一个基因,将其植入土豆植株,使土豆中产生病毒抗原。人吃下这种土豆后,抗原蛋白会触发人体的免疫反应,产生乙肝抗体抵抗乙肝病毒。

植物趣谈

感悟绿色生命的律动

转基因食品

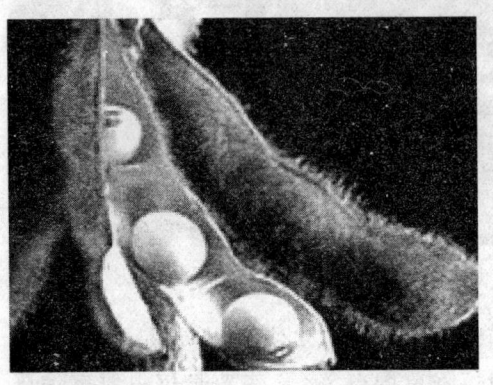

◆转基因大豆（日本研发，可防脱发）

转基因食品（Genetically Modified Foods，GMF）就是利用现代分子生物技术，将某些生物的基因转移到其他物种中去，改造生物的遗传物质，使其在营养品质、消费品质等方面向人们所需要的目标转变。以转基因生物为直接食品或为原料加工生产的食品就是"转基因食品"。也就是说，它是通过基因工程手段将一种或几种外源性基因转移至某种生物体（动、植物和微生物），并使其有效表达出相应的产物（多肽或蛋白质），这样的生物体作为食品或以其为原料加工生产的食品。

植物性转基因食品很多。例如，面包生产需要高蛋白质含量的小麦，而目前的小麦品种含蛋白质较低，将高效表达的蛋白基因转入小麦，将会使做成的面包具有更好的焙烤性能。

番茄是一种营养丰富、经济价值很高的果蔬，但它不耐贮藏。为了解决番茄这类果实的贮藏问题，研究者发现，控制植物衰老激素乙烯合成的酶基因，是导致植物衰老的重要基因，如果能够利用基因工程的方法抑制这个基因的表达，那么衰老激素乙烯的生物合成就会得到控制，番茄也就不会容易变软和腐烂了。美国、中

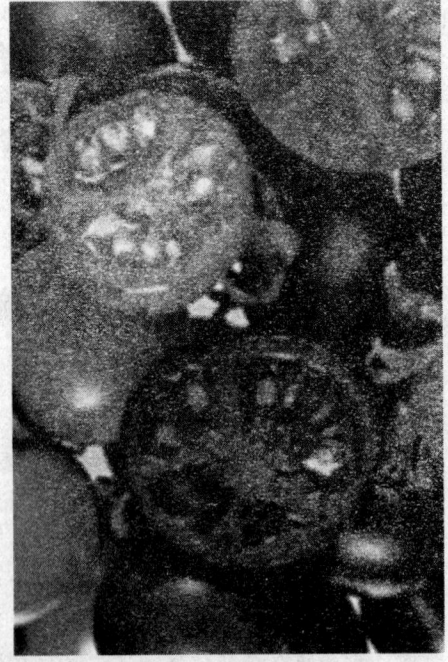

◆转基因紫番茄（可抗癌）

"好大一个家"——植物的类群

入了实际应用，走到了商业化阶段。种植的转基因植物种类主要有：大豆（占54%），玉米（占28%），棉花（占9%），油菜（占9%），马铃薯、西葫芦和木瓜的比例都小于1%。按转基因植物的性状划分，抗除草剂占71%，如抗除草剂的大豆（54%）、油菜（9%）、

◆Bt（苏云金芽胞杆菌基因）转基因棉花

玉米（4%）和棉花（4%）；抗虫转基因植物占22%，主要是抗虫玉米（19%）和抗虫棉花（3%）；抗虫兼抗除草剂占7%，主要是抗虫兼抗除草剂的玉米（5%）和棉花（2%）；抗病毒和其他性状转基因植物的比例小于1%。

据1996年我国生物技术学会统计，我国投入研究和开发的转基因植物达47种，涉及各类基因103种。近年来有近20种转基因植物进入了田间试验或环境释放阶段。至1999年，农业部批准可进行商业化生产的国内研制的转基因植物有5种，它们分别是：抗虫棉花、改变花色的矮牵牛、延熟番茄、抗病毒的甜椒和番茄。

万花筒——含乙肝疫苗的转基因土豆

美国科学家培育出一种转基因土豆，能起到乙肝疫苗的作用。这一成果可能对发展中国家的乙肝防治工作有所帮助。乙肝病毒侵害肝脏，每年在全世界夺去约50万人的生命。但传统乙肝疫苗需要冷藏，这在发展中国家的边远地区很难做到。此外，医务人员也经常需要花精力去判断，价格不菲的乙肝疫苗是否在运输过程中因意外受热而失效。

美国州立亚利桑那大学生物学家查尔斯·阿恩岑及其同事培育出了一种无需冷藏、可以食用的乙肝疫苗土豆，解决了这一问题。他们从乙肝病毒中取出一个基因，将其植入土豆植株，使土豆中产生病毒抗原。人吃下这种土豆后，抗原蛋白会触发人体的免疫反应，产生乙肝抗体抵抗乙肝病毒。

感悟绿色生命的律动

转基因食品

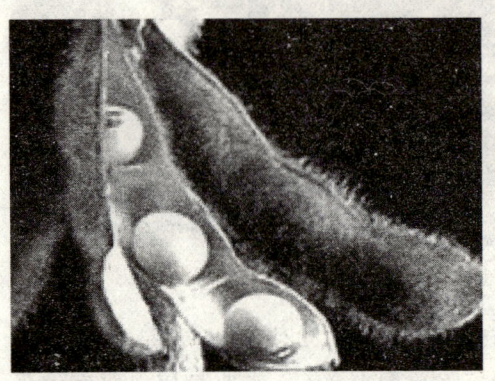

◆转基因大豆（日本研发，可防脱发）

植物趣谈

转基因食品（Genetically Modified Foods，GMF）就是利用现代分子生物技术，将某些生物的基因转移到其他物种中去，改造生物的遗传物质，使其在营养品质、消费品质等方面向人们所需要的目标转变。以转基因生物为直接食品或为原料加工生产的食品就是"转基因食品"。也就是说，它是通过基因工程手段将一种或几种外源性基因转移至某种生物体（动、植物和微生物），并使其有效表达出相应的产物（多肽或蛋白质），这样的生物体作为食品或以其为原料加工生产的食品。

植物性转基因食品很多。例如，面包生产需要高蛋白质含量的小麦，而目前的小麦品种含蛋白质较低，将高效表达的蛋白基因转入小麦，将会使做成的面包具有更好的焙烤性能。

番茄是一种营养丰富、经济价值很高的果蔬，但它不耐贮藏。为了解决番茄这类果实的贮藏问题，研究者发现，控制植物衰老激素乙烯合成的酶基因，是导致植物衰老的重要基因，如果能够利用基因工程的方法抑制这个基因的表达，那么衰老激素乙烯的生物合成就会得到控制，番茄也就不会容易变软和腐烂了。美国、中

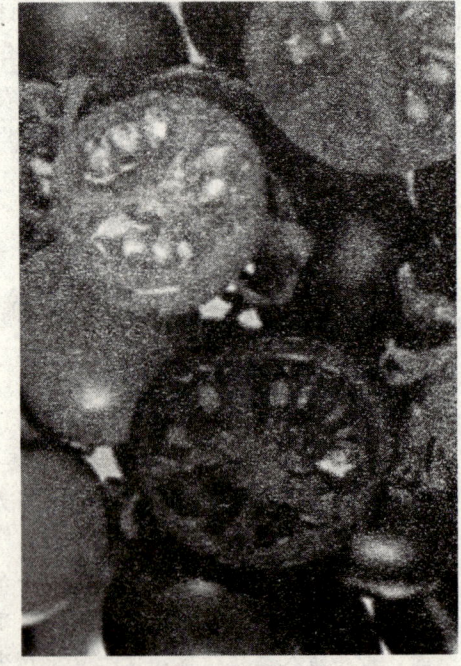

◆转基因紫番茄（可抗癌）

"好大一个家"——植物的类群

国等国家的多位科学家经过努力,已培育出了这样的番茄新品种。这种番茄抗衰老,抗软化,耐贮藏,能长途运输,可减少加工生产及运输中的浪费。

广角镜——转基因食品安全吗?

面对越来越多的转基因食品,人们的认识并非一致,以美国为首的主吃派和欧洲为首的反对派在全球范围内形成了两大阵营。调查表明,美国、加拿大两国的消费者大多已接受了转基因食品,仅有27%的消费者认为食用转基因食品可能会对健康造成危害。而在欧洲,大多数人是反对转基因食品的,英国尤为明显。缘由是1998年英国的一位教授的研究表明,幼鼠食用转基因的土豆后,会使内脏和免疫系统受损,这是对转基因食品提出的最早质疑,并在英国及全世界引发了关于转基因食品安全性的大讨论。虽然英国皇家学会于1999年5月发表声明:此项研究"充满漏洞",得出转基因土豆有害生物健康的结论完全不足为凭。但是,转基因食品的安全性问题已引起了消费者的怀疑。79%的英国人反对试种基因改良作物,抵制转基因食品进入市场。

想一想议一议

各国对转基因食品的态度不一,对于转基因食品安全性问题,你是如何看待的呢?可以结合你对转基因食品的了解,和你的同学、伙伴们交流探讨一下!

小知识——飘着玫瑰花香的新型转基因西红柿

以色列科学家最近开发出一种新型转基因西红柿,闻起来有玫瑰花和柠檬的香味。相关论文在线发表于《自然—生物技术》上。

进行该项研究的是以色列 Newe Yaar 研究中心的 Efraim Lewinsohn 及其同

感悟绿色生命的律动

◆西红柿

事。他们向西红柿中导入了一种柠檬罗勒基因，该基因能够制造一种香叶醇合酶，从而使西红柿产生类似柠檬的芳香气味。

从外表上看，该转基因西红柿仅有一点淡红色，这是由于它们的番茄红素（lycopene，赋予西红柿亮红颜色的一种抗氧化物质，对人体有益）含量仅有传统西红柿的一半。不过，新的转基因品种可以产生高浓度的挥发性萜类物质，它们具有消毒杀菌的作用。因此，Lewinsohn 表示，新的转基因西红柿的货架时间更长，而且在生长过程中需要的农药和杀虫剂较少。

不过，美国现在还没有开始种植任何类型的转基因西红柿，考虑到环境和健康等问题，欧洲市场上也不允许出现西红柿的转基因品种。

植物趣谈

你知道吗——英国培育出超级番茄具有抗癌功效

英国科学家成功培育出一种转基因"超级番茄"，这种番茄产生的抗氧化物质有助消费者改善饮食和健康。

"超级番茄"被誉为是第一种对消费者真正具有诸多健康益处的转基因产品。科学家将从花卉金鱼草提取的几种基因植入番茄中，这些基因能使番茄产生一种可预防癌症的营养物。据培育出抗癌番茄的英国科学家介绍，他们在易受癌症侵袭的老鼠"食谱"中加入这种番茄后，大大延长了老鼠的寿命。

"超级番茄"呈深紫色，这是因为在金鱼草中，那些基因的功能是生成花青素。

花青素是一种可溶性颜料，可使花和其他植物部位产生更深的颜色。专家认为，花青素还具有抗击癌症、心血管疾病及年龄相关退化性疾病的功能。有证据显示，花青素还具有其他一系列益处，如抗炎，改善视力，降低罹患肥胖症和糖尿病的风险。实际上，番茄本身就含有高浓度的抗氧化剂番茄红素。

在植物界中，正是这些姿态万千、稀奇古怪、充满神奇色彩的家族成员深深地吸引着人们，使人类不断去探索植物界奥秘。

立身之本

——植物的营养

植物体通过光合作用获取有机养料已经不是什么秘密。那么,光合作用是植物获取营养物质的唯一方式吗?

请观察下图,你认为是昆虫在取食茅膏菜,还是茅膏菜在捕食昆虫?都说"人往高处走,水往低处流"、"水是生命之源",那么高高在上的植物顶端的叶片和其他细胞是如何获得水分的?冬天落叶的树木,如何获取营养越冬?"香山红叶"是怎么回事?

诸多问题,让我们一一揭秘!

◆好望角茅膏菜

立身之本——植物的营养

揭秘"叶色"——叶绿体及其色素

众所周知,叶片之所以呈现出绿色,是由于叶片中叶绿素的缘故。但是否所有的叶片都是绿色的呢?香山红叶,形成一道独特的风景线,吸引着各地游客前往亲眼观赏,它是怎样形成的?叶片能进行光合作用,是否也和叶绿素有关?诸多疑问,我们逐一探讨、研究!

叶绿体的结构和成分

在显微镜下,高等植物的叶绿体大多数呈椭圆形,一般直径约为3~6微米,厚约2~3微米。据统计,每平方毫米的蓖麻叶就含有$3×10^7$~$5×10^7$个叶绿体。这样,叶绿体总表面积就比叶面大得多,因此对太阳光能和空气中二氧化碳的吸收利用都非常有利。

在电子显微镜下,可以

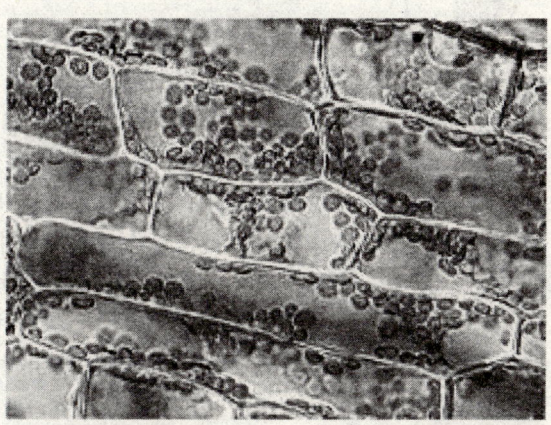

◆植物细胞中的叶绿体

看到叶绿体的表面有两层薄膜构成的叶绿体膜,这层膜具有控制代谢物质进出叶绿体的功能,是一个有选择性的屏障。叶绿体膜以内的基础物质称为基质,基质成分主要是可溶性蛋白质(酶)和其他代谢活跃物质,呈高度流动性状态,光合作用产物淀粉是在基质里形成和贮藏起来的。在基质中,埋藏着许多浓绿色的颗粒,称为基粒,圆饼状。叶绿体的光合色素主要集中在基粒中,光能转变为化学能的过程是在基粒中完成的。在一个典型的成熟的高等植物的叶绿体里,含有20~200个甚至更多的基粒。

感悟绿色生命的律动

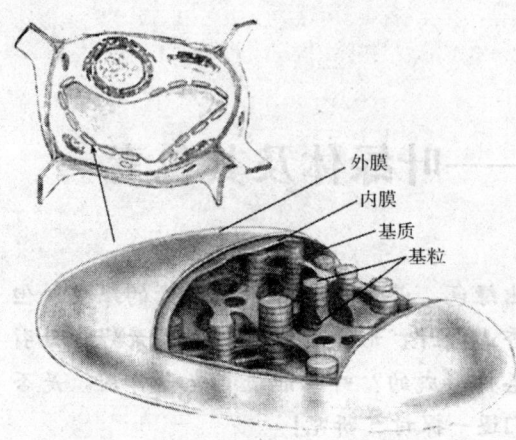

◆叶绿体立体结构模式图

高等植物的叶绿体都具有由许多片层组成的片层系统。每个片层由自身闭合的双层薄片组成，呈压扁了的包囊状，称为类囊体，类囊体内也是水溶液。不同植物或同一植物不同部位的叶绿体内基粒的类囊体数量不同。光合作用的能量转化功能是在类囊体膜上进行的，所以类囊体膜亦称为光合膜。

植物趣谈

讲解——叶绿体的成分

叶绿体约含75%的水分。在干物质中，以蛋白质、脂类、色素和无机盐为主。蛋白质是叶绿体的结构基础，一般占叶绿体干重的30%～45%，蛋白质在叶绿体中最重要的功能是作为代谢过程中的催化剂，例如酶、能起到催化作用的细胞色素、质体蓝素等，都是与蛋白质结合起来的。叶绿体的色素很多，占干重的8%，在光合作用中起着吸收光能的决定性作用。叶绿体中还含有20%～40%的脂类，它是组成膜的主要成分之一。叶绿体中还含有10%～20%的贮藏物质，10%左右的灰分元素（铁、铜、锌、钾、磷、钙等）。

叶绿体色素及吸收光谱

太阳光不是单一的光，到达地表的光是波长大约从300纳米的紫外光到2600纳米的红外光。其中只有波长在大约390～760纳米之间的光是可见光。当光束通过三棱镜后，可把白光分为红、橙、黄、绿、青、蓝、紫七色连续光谱，这就是太阳的连续光谱。

叶绿体的色素有三类：叶绿素，主要包括叶绿素a和叶绿素b；类胡萝卜素，主要包括胡萝卜素和叶黄素；藻胆素。三种色素的化学特性和吸

立身之本——植物的营养

收光谱各不相同。

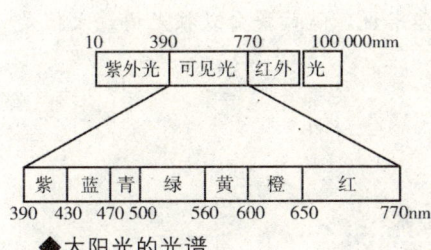

◆太阳光的光谱

可见光	红	橙	黄	绿	青	蓝	紫
中心波长（纳米）	660	610	570	550	460	440	410

◆太阳光谱

讲解——叶绿体色素的化学特性和吸收光谱

胡萝卜素和叶黄素不溶于水，能溶于有机溶剂。在颜色上，胡萝卜素呈橙黄色，而叶黄素呈黄色。类胡萝卜素也有吸收光能的作用，此外还有防护光照伤害叶绿素的功能。胡萝卜素和叶黄素的吸收光谱与叶绿素不同，它们最大吸收带在蓝紫光部分，不吸收红光等长波光。

叶绿素a和叶绿素b不溶于

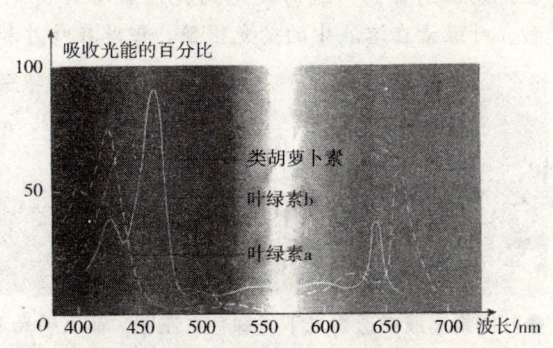

◆类胡萝卜素和叶绿素的吸收光谱

水，但是能溶于酒精、丙酮和石油醚等有机溶剂。在颜色上，叶绿素a呈蓝绿色，而叶绿素b呈黄绿色。绝大部分叶绿素a分子和全部叶绿素b分子具有收集光能的作用。少数不同状态的叶绿素a分子有将光能转换为电能的作用。这是光合作用的核心问题。

叶绿素吸收光的能力极强，其中吸收光能最强的吸收区有两个：一个在波长为640～660纳米的红光部分，另一个是在波长为430～450纳米的蓝紫光部分。此外，在光谱里橙光、黄光和绿光中只有不明显的吸收带，其中尤其对绿光的吸收最少。由于叶绿素对绿光的吸收最少，所以叶绿素溶液呈绿色。

藻胆素包括藻红蛋白和藻蓝蛋白，藻蓝蛋白是藻红蛋白的氧化产物，藻红蛋

植物趣谈

感悟绿色生命的律动

白呈红色，藻蓝蛋白呈蓝色。它们和蛋白质牢固结合，只有当用强酸煮沸时，才能将它们分开。它们不溶于有机溶剂，但将叶子磨碎及自体溶解后，它们很容易被水提出，而成为胶体状态。藻胆素也有收集光能的功能，它的吸收光谱正好与类胡萝卜素相反，它主要吸收绿、橙光。具体来说，藻蓝蛋白吸收光谱最大值是在橙红部分，而藻红蛋白的是在绿色部分。

广角镜——荧光现象与磷光现象

叶绿素溶液在透射光下呈绿色，而在反射光下呈红色（叶绿素 a 呈血红色，叶绿素 b 呈棕红色），这种现象称为荧光现象。为什么会有荧光现象的发生呢？

当叶绿素分子吸收光后，就由最稳定、最低能量的常态提高到一个不稳定的、高能量状态的激发态。由于激发态极不稳定，发射光波，能量消失，迅速由激发态回到常态。这时发射的光波就称为荧光。荧光的寿命很短，$10^{-8} \sim 10^{-9}$ 秒。叶绿素在溶液中的荧光很强，但是在叶片和叶绿体中却很弱，难以觉察。

植物趣谈

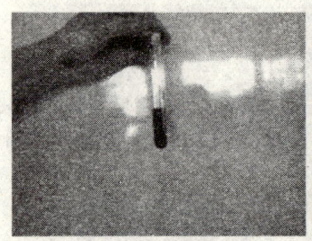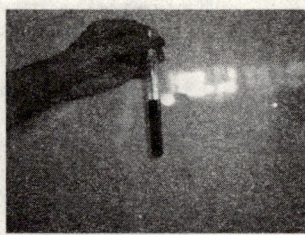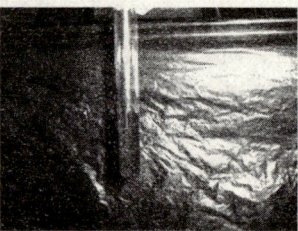

◆叶绿素溶液在透射光下呈绿色（左图）在反射光下呈红色（中、右图）

胡萝卜素、叶黄素和藻胆素都有荧光现象。

叶绿素除了在照光时能辐射出荧光外，当去掉光源后，还能继续辐射出极微弱的红光（用精密仪器测知），这个现象称为磷光现象，其辐射出来的光称为磷光。磷光的寿命较长，为 10^{-2} 秒。磷光现象也是和荧光现象一样，也是当叶绿素吸收光能后，能从极不稳定状态辐射出一部分能量，再转变为稳定磷光状态。

植物的叶色

植物叶子呈现的颜色是叶子各种色素的综合表现，其中主要取决于绿立身之本——植物的营养

色的叶绿素和黄色的类胡萝卜素两大类色素之间的比例。高等植物叶子所含各种色素的数量和植物种类、叶片老嫩、生育期和季节有关。一般来说，正常叶子的叶绿素和类胡萝卜素的分子比例是3∶1，叶绿素a和叶绿素b也约为3∶1，叶黄素和胡萝卜素的比例约为2∶1。由于绿色的叶绿素比黄色的类胡萝卜素多，占优势，所以正常的叶子总是呈现绿色。

秋天，条件不正常或叶片衰老时，叶绿素较容易被破坏或先降解，数量减少，而类胡萝卜素比较稳定，所以叶片呈现黄色。秋末冬初，许多植物的叶片纷纷失去了原有的绿色和生机，纷纷枯黄后掉落，就是这个原因。

 **广角镜——揭秘"香山红叶"**

秋天降温，体内积累较多的糖分适应寒冷，体内可溶性糖多了，就形成较多的花色素（红色），叶子就呈红色。枫树叶子秋季变红，绿肥紫云英在冬春寒潮来临后叶茎变红，都是同样的道理。

 **链接——常绿植物为什么会四季常绿？**

一年四季均常有绿叶的植物，如油松、马尾松、红松、雪松、茶、冬青等等。这些植物的叶子并不是永不脱落，相反，这些植物每年都有枯叶脱落，只不过这些植物的叶子寿命较长，有的可生活几年至10多年（如各种松树的叶）。在这些植物下面也可见到很多枯叶，由于这些植物每年还会不断长出许多新的绿叶，尽管会有少量叶子脱落，而留存在植物体上的叶依然很多。从整体上看，植物体仍被绿叶覆盖，故称常绿植物。

影响叶绿素形成的因素

叶绿素也是不断进行代谢的，有合成，也有降解。用同位素15N示踪法研究燕麦幼苗，发现72小时后，叶绿素几乎全部更新；用同位素14C

感悟绿色生命的律动

植物趣谈

◆冬天的枯叶

◆韭黄

示踪法研究烟草，其半量叶绿素完全更新的周期是数星期。这些都足以说明：叶绿素是在不断形成、更新的。那么它的形成过程会受哪些因素影响呢？

许多环境条件影响叶绿素的生物合成，所以也就影响着叶色的深浅。

光是影响叶绿素形成的主要因素。被子植物叶绿素的形成，一般都是需要光照的，然而藻类、苔藓、蕨类和松柏科植物在黑暗中可以合成叶绿素（当然数量不如在光照下形成的多）。形成叶绿素所要求的光照强度相对较低。除了680纳米以上波长外，可见光中各种波长的光照都能促进叶绿素的形成。一般植物在黑暗中生长都不能合成叶绿素，即黄化现象。光线过弱，也不利于叶绿素的生物合成。所以，栽培密度过大，上部遮光过甚，植株下部叶片叶绿素分解速度大于合成速度，叶色变化。黄化植株的机械组织较少，所以应用这个现象可以遮光培养出细嫩可口的韭黄。

叶绿素的生物合成过程，绝大部分都有酶的参与。温度影响酶的活动，也影响叶绿素的合成。秋天叶子变黄和早春寒潮过后秧苗变白等现象，都与低温抑制叶绿素形成有关。

矿质元素对叶绿素形成也有很大影响。植株缺乏氮、镁、铁、锰等元素时，即不能形成叶绿素。

叶绿素形成和水分也有密切联系。叶如果缺水，不但影响叶绿素的生物合成，还会促使已经形成的叶绿素分解加速，造成叶子发黄。

立身之本——植物的营养

绿色工厂——叶的结构与光合作用

叶是种子植物制造有机养料的重要器官，也就是光合作用和蒸腾作用的主要场所，有些植物的叶还具有吸收、繁殖能力。青菜、卷心菜、菠菜等诸多植物的叶是我们餐桌上的常见品种，不少植物的叶常见于药材中。绿色开花植物是植物中较为常见的类群，那么，叶片的光合作用是如何进行的？叶的哪些结构使其能够完成光合作用这一复杂的生理过程呢？诸多问题，让我们一一来了解！

叶的形态结构

植物的叶，一般由叶片、叶柄和托叶三部分组成。叶片是叶的主要部分，多数为绿色的扁平体。各种植物的叶片的形态多种多样，大小不同，形状各异。叶片的大小，差别极大，柏的叶细小，呈鳞片状，长仅几毫米；芭蕉的叶片长达1～2米；王莲的叶片直径可达1.8～2.5米，小孩坐在上面像乘小船一样；而亚马逊酒椰的叶片长可达22米，宽达12米。

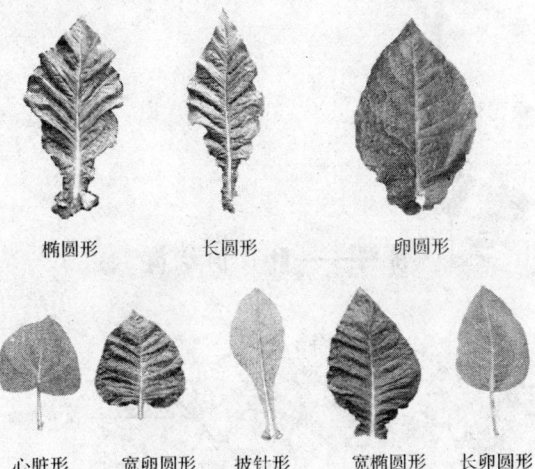

◆各种形态的植物的叶

在叶的形态上，针形、线形、披针形、椭圆形、卵形、菱形、心形和肾形是叶片的基本形状，有些植物的叶片具有奇特的形态。

感悟绿色生命的律动

观察与思考

取一些绿色植物的叶片：
1. 观察叶片两面的绿色深浅一样吗？
2. 思考一下：植物的叶片为什么会呈现出这样的特点？

植物趣谈

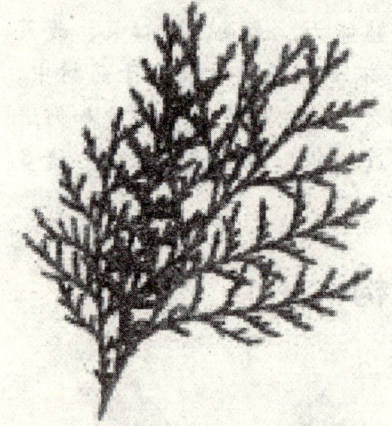

◆柏树的叶

◆芭蕉

讲解——叶片的结构

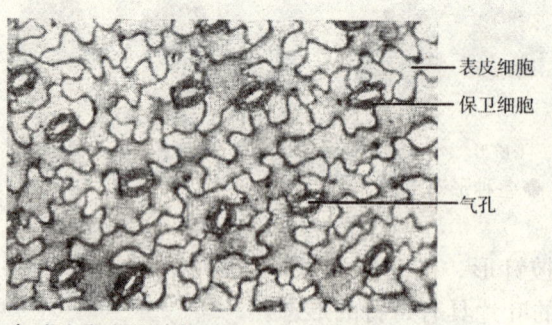

◆叶片表皮的结构

叶片的形态和结构尽管多种多样，但是基本结构大致相同。叶片是叶的主要部分，由表皮、叶肉和叶脉组成。表皮包在叶的最外层，有保护作用；叶肉在表皮的内方，有制造和贮存养料的作用；叶脉是埋在叶肉中的维管组织，有输导和支持的作用。

表皮细胞
保卫细胞
气孔

立身之本——植物的营养

表皮包被着整个叶片，有上下表皮之分，由表皮细胞组成。表皮细胞的外形较为规则，呈长方形或方形，外壁较厚，常具角质层。角质层的厚度因植物种类和所处环境而异。角质层起着保护作用，可以控制水分蒸腾，加固机械性能，防止病菌侵入，对药液也有着不同程度的吸收功能。一般植物叶的表皮细胞不具

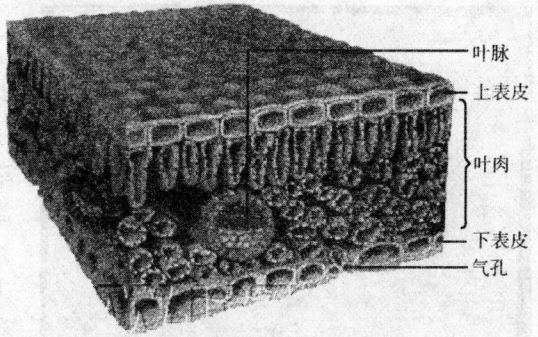

◆叶片的结构
叶脉
上表皮
叶肉
下表皮
气孔

叶绿体。叶的表皮具有较多的气孔，气孔由保卫细胞和保卫细胞之间的孔口共同组成，是与外界进行气体交换的门户，也是水分蒸腾作用的通道。

叶肉是上、下表皮之间的绿色组织的总称，是叶的主要部分。通常由薄壁细胞组成，内含丰富的叶绿体。近上表皮部位的绿色组织排列整齐，细胞呈长柱形，栅栏状，成为栅栏组织；近下表皮部分的绿色组织，形状不规则，排列不整齐，疏松和具较多空隙，呈海绵状，成为海绵组织。与栅栏组织相比，海绵组织排列较为疏松，间隙较多，细胞内含叶绿体也较少。有些植物，叶片上面绿色较深而下面绿色较浅，就是由于两种组织内叶绿体的含量不同所致。叶的光合作用主要在叶肉中进行。

叶脉就是叶内的维管组织，它的内部结构因叶脉的大小而有所不同。叶脉源源不断地供应叶肉组织所需的水分和盐类，同时运输产出的光合产物；另一方面，叶脉又支撑叶面，使得叶片舒展在大气中，接受光照。

动手做一做——叶脉书签的制作

叶脉书签是选择叶形美丽的树叶，经化学方法处理后去掉叶肉部分，保留完整的叶脉，经染色后制成的一种书签。制作步骤如下：

1. 采摘桂花（或其他植物）叶片约10片左后，叶片完整。

2. 在250毫升烧杯中倒入100毫升清水，再加入2.5克无水碳酸钠，加3.5克氢氧化钠，加热煮沸，并不停用玻璃棒搅拌（如果需要配置的溶液量多，则按照以上比例加倍计算）。

3. 将叶片均匀地放入上述烧杯中，使叶片全部浸没在溶液里。

感悟绿色生命的律动

4. 继续加热约6~8分钟，并不停搅拌，使叶片分离，受热均匀，待叶片发黄略透明为止。

5. 用镊子轻夹叶柄，取出发黄透明的叶片，放入玻璃缸中用清水漂洗干净。

6. 用手托起叶片，放在玻璃板上，再用牙刷轻轻刷去叶肉。

7. 贴在平板或者玻璃板上，使其自然晾干或用电吹风吹干。

8. 待叶片尚未干透时即可染色，干透后可涂上一层稀的硝基清漆；也可在未干透前，在表面画上彩图，结好丝结即成叶脉书签。

植物趣谈

叶脉书签

叶序与叶镶嵌

叶在茎上都有一定规律的排列方式，称为叶序。叶序基本上有四种类型：互生、对生、轮生和簇生。每节上只生1叶，称为互生叶序，如白杨、悬铃木等；每节上生2叶，成为对生叶序，如丁香、薄荷等；每节上生3

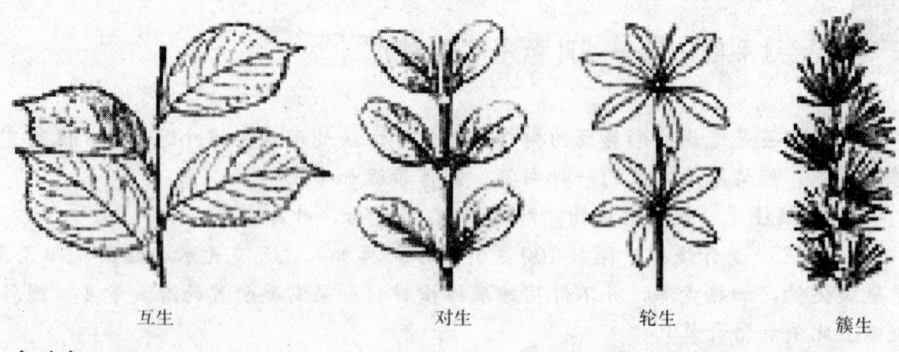

互生　　　　　对生　　　　　轮生　　　　　簇生

叶序

立身之本——植物的营养

叶或 3 叶以上,作辐射排列,称为轮生叶序,如夹竹桃、百合等;叶在短枝上成簇生出,称为簇生叶序,如银杏、枸杞等。

叶在茎上的排列,不论是哪一种叶序,相邻两节的叶,总是不相重叠而成镶嵌状态,这种同一枝上的叶,以镶嵌状态的方式排列而不重叠的现象,称为叶镶嵌。爬山虎、常春藤等植物的叶片,均匀地生长在墙壁或竹篱上,是垂直绿化的好素材,就是缘于叶镶嵌。从植物的顶面看去,叶镶嵌的现象格外清楚,在节间极短而有簇生现象的植物中,叶镶嵌现象尤为明显。叶镶嵌使茎上的叶片不互相遮蔽,有利于光合作用的进行,同时叶的均匀排列,也使茎上各侧的负载量得到平衡。

◆叶镶嵌

观察与思考

当你走在公园或者路上的时候,留意观察一下身边植物:
1. 同一枝条上的叶片的排列方式如何?有什么规律或者特点吗?
2. 思考一下:叶片的这种排列方式对植物体而言意义何在?

植物的光合作用

植物与动物不同,它们没有消化系统,因此它们必须依靠其他的方式来摄取营养,就是所谓的自养生物。对于绿色植物来说,在阳光充足的白天,它们将利用阳光的能量来进行光合作用,以获得生长发育必需的养分。

光合作用(Photosynthesis)是植物利用叶绿素和某些细菌利用其细胞本身,在可见光的照射下,将二氧化碳和水(细菌为硫化氢和水)转化

植物趣谈

感悟绿色生命的律动

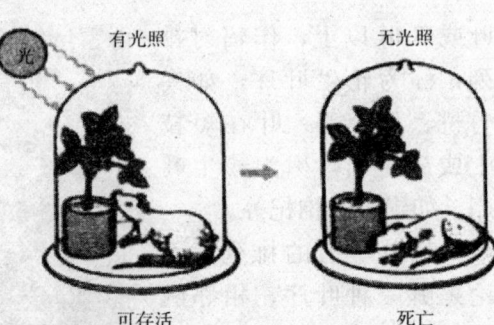

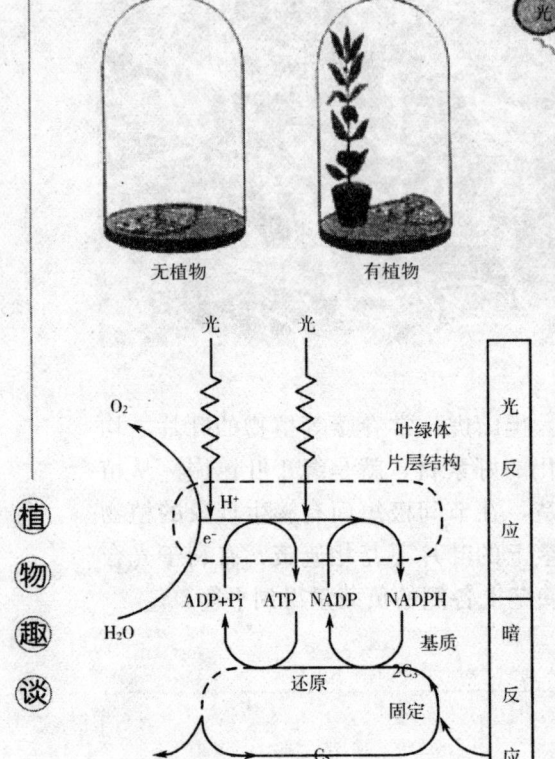

为有机物,并释放出氧气(细菌释放氢气)的生化过程。植物之所以被称为食物链的生产者,是因为它们能够通过光合作用,利用无机物生产有机物并且贮存能量。通过食用,食物链的消费者可以吸收到植物及细菌所贮存的能量,效率为10%～20%左右。对于生物界的几乎所有生物来说,这个过程是它们赖以生存的关键。而地球上的碳氧循环,光合作用是必不可少的。

光合作用是积蓄能量和形成有机物的过程。能量的积蓄是把光能转变为电能,进一步形成活跃的化学能,最后转变为稳定的化学能。有机物的形成是把无机物(二氧化碳和水)形成有机物(如糖类等)。根据资料,整个光合作用可以分成三大步骤:①光能的吸收、传递和转换过程(通过原初反应完成);②电能转变成活跃的化学能(通过电子传递和光合磷酸化完成);③活跃的化学能转变为稳定的化学能(通过碳同化完成)。前两步骤属于光反应,在光反应过程中同时也完成水的光解和放氧过程;第三步骤属于暗反应,有机物的形成也在第三步骤完成。

立身之本——植物的营养

动手做一做

如果你有兴趣亲自探究一下光合作用的有关问题的话,可以进行如下实验:

1. 制作2个可密闭的容器(如图中的钟罩装置),将小鼠放入其中一个容器后密封;将小鼠和一株植物放入另一个容器后也密封(注:其他环境条件尽可能相同)。

2. 观察两个密闭容器中的小鼠的生活状态,两个小鼠都能存活吗?哪个能活得更长久些?

3. 取2个可密封的容器,分别放入小鼠和一株植物后密封,分别放在有光照和无光照的环境中(注:其他环境条件尽可能相同)。

4. 观察两个小鼠的生活状态及其差异。

5. 分析:实验结果说明了什么?

知识库——光合作用的发现过程

18世纪中期之前,人们一直以为植物体内的全部营养物质,都是从土壤中获得的,并不认为植物体能够从空气中得到什么。1771年,英国科学家普利斯特利发现,将点燃的蜡烛与绿色植物一起放在一个密闭的玻璃罩内,蜡烛不容易熄灭;将小鼠与绿色植物一起放在玻璃罩内,小鼠也不容易窒息而死。因此,他指出植物可以更新空气。但是,他并不知道植物更新了空气中的哪种成分,也没有发现光在这个过程中所起的关键作用。后来,经过许多科学家的实验,才逐渐发现光合作用的场所、条件、原料和产物。1864年,德国科学家萨克斯做了这样一个实验:把绿色叶片放在暗处几小时,目的是让叶片中的营养物质消耗掉。然后把这个叶片一半曝光,另一半遮光。过一段时间后,用碘蒸气处理叶片,发现遮光的那一半叶片没有发生颜色变化,曝光的那一半叶片则呈深蓝色。这一实验成功地证明了绿色叶片在光合作用中产生了淀粉。1880年,德国科学家恩吉尔曼用水绵进行了光合作用的实验:把载有水绵和好氧细菌的临时装片放在没有空气并且是黑暗的环境里,然后用极细的光束照射水绵。通过显微镜观察发现,好氧细菌只集中在叶绿体被光束照射到的部位附近;如果上述临时装片完全暴露在光下,好氧细菌则集中在叶绿体所有受光部位的周围。恩吉尔曼的实验证明:氧是由叶绿体释放出来的,叶绿体是绿色植物进行光合作用的场所。

感悟绿色生命的律动

 广角镜——多肉植物的光合作用

◆凹叶景天（多肉植物）

植物趣谈

对于多肉植物，由于这一类植物的细胞采用"景天科酸代谢途径（CAM）"。所以与其他的C3、C4植物有所不同，这一类植物在白天气孔关闭，不发生或者极少发生气体交换。而在夜晚则不同，它们会进行光合作用和呼吸作用的气体交换，表观上还是释放的氧气远远多于二氧化碳，这一点与其他植物是大大不同的。但这并不等于多肉植物的光合作用发生在夜晚，其实这些二氧化碳被储存在叶肉细胞的有机酸（如：苹果酸）中，当有光照的时候，这些有机酸在维管束鞘细胞中分解释放二氧化碳供光合作用使用。

立身之本——植物的营养

逆流而上
——植物对水分的吸收与蒸腾作用

常言道:"人往高处走,水往低处流"。植物依靠根部从土壤以及其他外界环境中吸收水分,也是众所周知的。那么,由根部吸收的水分是如何实现"逆流而上",被运送到植物的茎、叶和其他器官去的呢?其"逆流而上"的动力源于何处呢?

细胞对水分的吸收

和动物体一样,细胞也是构成植物的结构和功能单位。一切生命活动都是在细胞里进行的,吸水也是。细胞吸水有三种方式:在未形成液泡前,靠吸涨作用吸水;液泡形成以后,细胞主要靠渗透性吸水;另外还有与渗透作用无关的代谢性吸水。其中,以渗透吸水为主。

植物趣谈

原理介绍——渗透吸水原理

蚕豆种皮是能让水分子通过而蔗糖分子不能透过的一种薄膜,称为半透膜。它和两侧的水溶液及蔗糖溶液一起构成了一个渗透系统。在一个渗透系统中,水的移动方向取决于半透膜两边溶液的浓度高低,水从浓度低的地方流向浓度高的地方。实际上,半透膜两边的水分子是可以自由通过的,清水到蔗糖溶液的

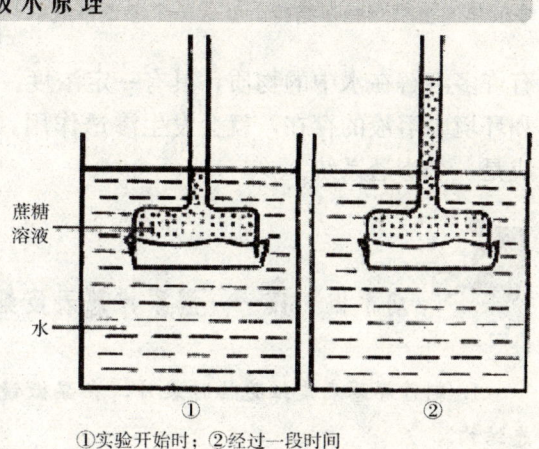

①实验开始时;②经过一段时间

"科学就在你身边"系列

感悟绿色生命的律动

水分子比从蔗糖溶液到清水的水分子多。所以外观上，清水流入漏斗。随着水分逐渐进入漏斗，膜内外水分子进出速度越来越接近。最后液面不再上升，停留不动，呈动态平衡。水分子从低浓度通过半透膜流向高浓度移动的现象，就是渗透作用。

动手做一做

渗透作用实验

把蚕豆种皮紧缚在漏斗上，注入蔗糖溶液，然后把整个装置浸入盛有清水的烧杯中，漏斗内外液面相等（如图中①）。经过一段时间，再观察发现：漏斗内的液面上升了（如图中②所示），上升到一定高度后，液面就不再继续上升。

植物趣谈

植物细胞是一个渗透系统

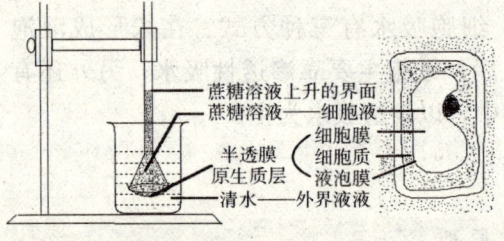

◆成熟的植物细胞在结构上就是一个渗透系统

一个成熟植物细胞的细胞壁主要是由纤维素分子组成的，它是一个水和溶质分子都能透过的透性膜，被称为全透膜。细胞膜、液泡膜和两者之间的细胞质（即原生质层）是一个半透膜。液泡里面的细胞液含有许多溶解在水中的物质，具有一定浓度。这样，有了细胞液、原生质层和环境中溶液的存在，就会发生渗透作用。所以，我们可以把植物细胞看成是一个渗透系统。

动手做一做——观察洋葱表皮细胞质壁分离及其复原

1. 制作洋葱表皮细胞临时装片，在显微镜低倍镜和高倍镜下观察细胞的形态结构。

立身之本——植物的营养

A　　　B　　　C　　　D

A正常细胞　　　B初始质壁分离
C帽状质壁分离　　D完全质壁分离

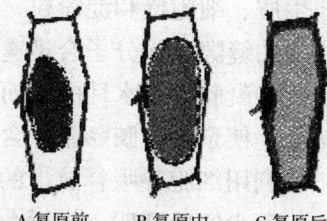

A.复原前　　B.复原中　　C.复原后

◆洋葱表皮细胞的质壁分离　　　　　　　　　◆质壁分离的复原

2. 用30％蔗糖溶液进行对侧引流。几分钟后，分别在低倍镜和高倍镜下观察洋葱表皮细胞的形态和结构，细胞出现质壁分离现象（图中左边）。

3. 用清水再次进行对侧引流，一段时间后，重新在显微镜的低倍镜和高倍镜下观察，细胞的形态结构恢复至质壁分离之前（图中右边）。

原理介绍——质壁分离及其复原原理

把具有液泡的细胞置于某些对细胞无毒害的物质的溶液中，外界溶液浓度较高，细胞液的水分就向外流出，液泡体积变小，细胞液对原生质层和细胞壁的压力也降低。植物细胞的细胞壁和原生质层都有伸缩性，这时整个细胞的体积就缩减一些。如果此时细胞液的水分继续流失，由于细胞壁的伸缩性有限，而原生质层的收缩性较大，所以细胞壁停止收缩，而原生质层继续收缩，这样，原生质层和细胞壁慢慢开始分开，起初只是细胞的边缘稍微分开，后来分离的地方渐渐扩大，最后原生质层和细胞壁完全分开。这种植物细胞液泡失水，使得原生质层和细胞壁完全分开的现象称为质壁分离。

如果把发生了质壁分离现象的细胞浸在浓度较低的稀溶液或清水中，外面的水分就进入细胞，液泡变大，整个原生质层慢慢恢复原来状态，这种现象称为质壁分离复原。

细胞的吸涨作用与代谢吸水

吸涨作用是亲水胶体吸水膨胀的现象。一般来说，细胞在形成液泡之前的吸水主要靠吸涨作用。例如风干种子的萌发吸水，果实种子形成过程

感悟绿色生命的律动

的吸水，分生细胞生长的吸水等等，都是靠吸涨作用。吸涨作用过程中，原生质、细胞壁和淀粉粒、蛋白质都呈凝胶状态，其中细胞壁里还有大大小小的缝隙。水分子会迅速地以扩散或毛细管作用跑到这些凝胶内部。由于这些凝胶是亲水性的，而水分子是极性分子，水分子以氢键与亲水凝胶结合，使亲水凝胶膨胀。含蛋白质较多的豆类种子吸涨现象非常明显。

利用细胞呼吸释放出的能量，使水分进入细胞的过程，称为代谢性吸水。不少实验证明：当通气良好而引起细胞呼吸加强时，细胞吸水就增强；相反，减少氧气或以呼吸抑制剂处理时，细胞呼吸速率降低，细胞吸水也就减少。但是，代谢性吸水是否存在，尚在争论中，即使有，也只占总吸水量很小的一部分。

植物根对水分的吸收

根系是陆生植物吸水的主要器官，它从土壤中吸收大量水分，满足植物体的需要。根的吸水主要在根尖进行，根尖中以根毛区的吸水能力最强。

讲解——根尖的结构与水分的吸收

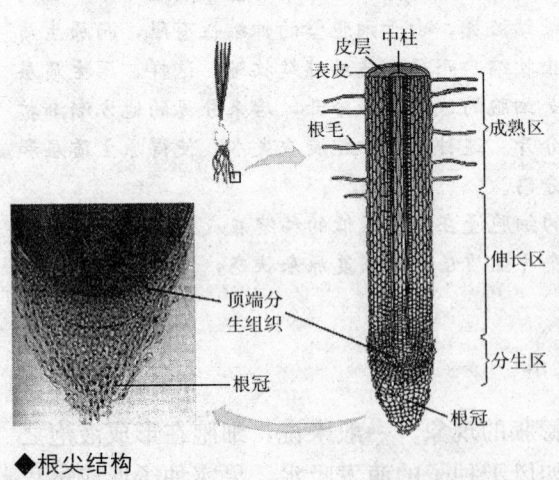

◆根尖结构

根尖是指根的顶端到着生根毛部分的这一段。不论主根、侧根或者不定根都具有根尖，它是根中生命活动最旺盛、最重要的部分。根的伸长，根对水分和养料的吸收，根内组织的形成，主要是根尖进行的。根尖的损伤，会直接影响到根的继续生长和吸收作用的进行。

根尖可以分成四个部分：根冠、分生区、伸长区和成熟区。

立身之本——植物的营养

根冠位于根的先端，是根特有的一种组织，由许多排列不规则的薄壁细胞组成。在根生长过程中，根冠在前，和土壤中的沙砾不断发生摩擦，遭受伤害，死亡脱落，对分生组织起到了保护作用；分生区不断分裂增生细胞，一部分向前发展，形成根冠细胞以补偿根冠因受损伤而脱落的细胞，大部分向后发展，经过细胞的分裂、分化逐渐形成根的各种结构；伸长区位于分生区稍后方，细胞分裂已经停止，体积扩大，细胞显著沿根的长轴方向延伸。

成熟区内根的各种细胞已停止伸长，并且多已经分化成熟。成熟区细胞常产生根毛，因此也称为根毛区。根毛是由表皮细胞外壁延伸而成的，

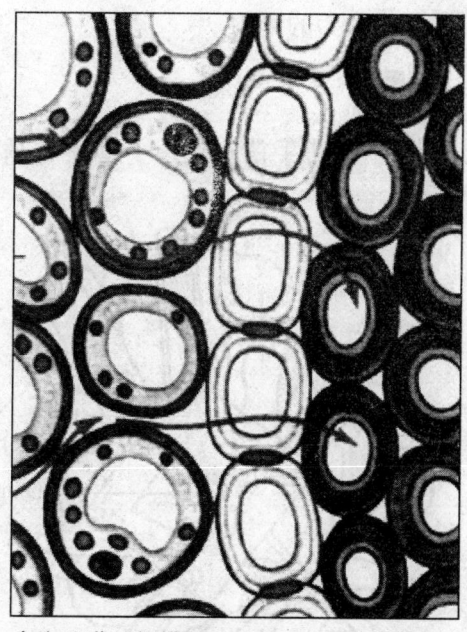
◆水分进入根横切图

是根特有的结构，一般呈管状，角质层极薄，不分枝。玉米的根毛，每平方毫米约 420 根，豌豆的根毛，每平方毫米约 230 根。根毛大大增加了根部吸水的面积。根毛生长较快，但是寿命也短，一般只有几天，多的也只在 10~20 天左右，即行死亡，伸长区不断向前延伸，新的根毛连续替代枯死的根毛。不断更新的结果，使新的根毛区向前推移，进入新的土壤区域，这对丰富根的吸收是极为有利的。伸长区和具有根毛的成熟区是根的吸收力最强的部分。

土壤中的水分从根部细胞，主要是成熟区的细胞进入根部，透过层层细胞到达导管，在导管中被输送到全身各部分。

叶的蒸腾作用

陆生植物吸收的水分，只有一小部分是用于代谢的，绝大部分都散失到体外去。真正能被植物运用于代谢的只占 1% 左右，最多不超过 5%，余下部分全部丢失到体外。水分散失的主要途径就是蒸腾作用。蒸腾作用是指水分以气体状态，通过植物体的表面（主要是叶），从体内散失到体外的现象。植物的蒸腾现象与物理学的蒸发类似，但是还要受到植物体结构

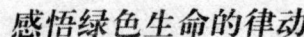 感悟绿色生命的律动

和气孔行为的影响。

 动手做一做——观察叶的蒸腾作用

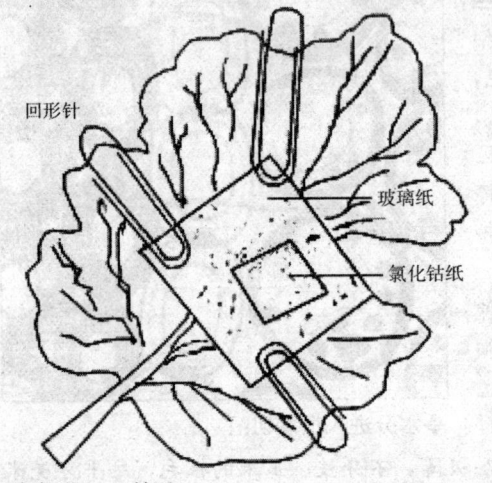

◆氯化钴纸检验

1. 裁取两张边长都是3厘米的正方形蓝色氯化钴纸。在盆栽天竺葵上选择一片叶,把一张氯化钴纸覆在叶片表皮上,取另一张氯化钴纸覆在叶的下表皮上。然后两面覆褶一张大于氯化钴纸的玻璃纸,用回形针或夹子夹住玻璃纸和叶片以固定(见图)。

2. 也可以用玻璃胶把氯化钴纸固定在叶的上、下表面,外包玻璃纸并夹住。

3. 观察氯化钴纸颜色的变化。比较上、下表面氯化钴试纸变化的速度和变色的程度。

实验结果: 下表面氯化钴变成粉红色的时间比上表面的快,且变色程度大。因叶下表皮气孔分布多,蒸腾出的水蒸气也多,氯化钴易受潮变色。

(提示:氯化钴试纸干燥时呈蓝色,受潮吸水后逐渐变成粉红色。)

 讲解——气孔运动与蒸腾作用

蒸腾作用主要是通过叶片表皮上的气孔进行的。气孔是由两个成对的保卫细胞围成的,靠近气孔的一侧的细胞壁较厚,背着气孔的一侧的细胞壁较薄。当保卫细胞吸水膨胀的时候,较薄的外壁容易伸长,细胞向外弯曲,气孔张开;

移栽幼苗时,最好在阴天或者傍晚进行,并且去掉一些枝叶。这是为什么?

立身之本——植物的营养

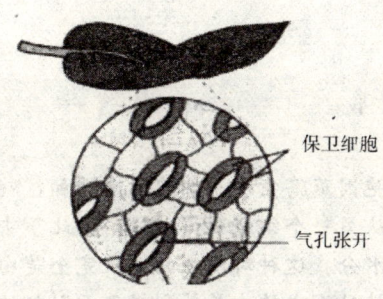
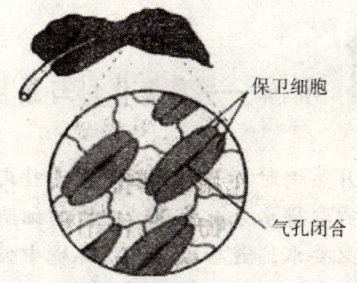

◆保卫细胞控制气孔开闭示意图

当失水时,保卫细胞壁拉直,气孔关闭。保卫细胞控制气孔的开闭,调节水分的蒸腾。

"逆流而上"的秘密

根系吸水有两种动力:根压和蒸腾作用,主要是蒸腾作用。

植物根系的生理活动使液流从根部上升的压力,就是根压。根压把根部的水分压到地上部分,土壤中的水分就不断补充到根部,这就形成根系吸水过程,这是由于根部形成力量引起的主动吸水。下面所述的伤流和吐水现象都证明了根压的存在。

 **动手做一做**

观察"伤流"和"吐水"

从植物茎的基部把茎切断,切口不久就流出液滴。没有受伤的植物如处于土壤水分充分,天气潮湿的环境中,叶片尖端或者边缘也有液体外泌现象。

从伤口流出液滴的现象即为伤流。从未受伤的叶片的尖端或者边缘溢出液滴的现象称为吐水。

感悟绿色生命的律动

讲解——蒸腾作用与根部吸水

叶片蒸腾时,气孔下腔附近的叶肉细胞因蒸腾失水而细胞浓度增加,就会从旁边细胞取得水分。同理,旁边的细胞又从另一个细胞取得水分,如此下去,便从导管里要水。最后根部就从环境中吸收水分。这种对水分的吸收完全是由于蒸腾失水而产生的蒸腾拉力所引起的,是由枝叶形成的力量传到根部而引起的被动吸水。

根压和蒸腾拉力,这两种动力在根系吸水过程中所占的比例,因植株蒸腾速率而异。通常蒸腾植物的吸水,主要由蒸腾拉力引起。有人曾经比较同一植株或相似植株在相同环境中蒸腾速率和伤流速率,发现每株每小时蒸腾丢失的水分和伤流排出的水分相差很大,伤流排出的水分不到蒸腾排出的5%。只有春季叶片未展开时,蒸腾速率很低的植株,根压才成为主要动力。

植物趣谈

立身之本——植物的营养

空心树
——茎与植物营养物质的运送

空心树,也称静禅古树,在原云南丽江悉檀寺旁,距祝圣寺约500米。空心树为高山栲树,树高50米,外直径约3.5米,是元代遗留下的古木,树龄约700多年。此树最奇之处,在于树干中空成穴,中空内径2.7米、洞高3.5米,可容20人立足或8人盘膝而坐。从祝圣寺沿山路盘桓而下,峰回路转,曲径通幽,在这里平添一景,实在是妙不可言。

◆枝繁叶茂的空心树

全球空心树远远不止这一棵。那么,空心树何以生存?让我们先从植物的茎和营养物质运送说起。

茎的生长习性和结构

茎是植物的营养器官之一,一般是组成地上部分的枝干,主要功能是输导和支持,有些植物的茎还有储藏和繁殖的功能。

茎的外形,多数呈圆柱形,也有些植物的茎呈三角形、方柱形或者扁平形。不同植物的茎在长期进化过程中,有各自的生长习性并与环境相适应,使叶在空间合适分布,尽可能充分接受日光照射,制造自己生活需要的营养物质,并完成繁殖后代的生理功能。

茎主要有四种生长方式:直立茎、缠绕茎、攀缘茎和匍匐茎。

感悟绿色生命的律动

◆向日葵直立茎　　　　　　　　　◆何首乌缠绕茎

　　直立茎——茎背地面而生，直立。大多数植物的茎为直立茎，如向日葵、蓖麻等。

　　缠绕茎——茎幼时较柔软，以茎本身缠绕于其他支柱上升。如牵牛、何首乌等。

　　攀缘茎——茎幼时较为柔软，不能直立。以特有的结构攀援其他物体上升。如葡萄、常春藤等。

◆葡萄的攀缘茎　　　　　　　　　◆虎耳草的匍匐茎

立身之本——植物的营养

匍匐茎——茎细长柔弱，沿着地面蔓延生长。如草莓、甘薯等。

动手做一做——观察茎的横切面

1. 取玉米的嫩茎，去掉叶，用单面刀片做徒手切片。切片要薄，不完整也可以。
2. 选取最薄的切片制成临时装片，放在显微镜下观察茎的横切面的结构组成。
3. 取向日葵的茎，同样进行徒手切片后制成临时装片在显微镜下观察。
4. 比较玉米的茎和向日葵的茎的横切面在结构组成上有什么相同和不同之处。

讲解——茎的结构

向日葵的茎由表皮、皮层、维管束和髓组成。表皮具有保护作用，皮层和髓可以贮藏养料。维管束由韧皮部、形成层和木质部组成，有规律地排列成环形，对植物体起着支持和输导作用。韧皮部主要由筛管和韧皮纤维组成，韧皮纤维的

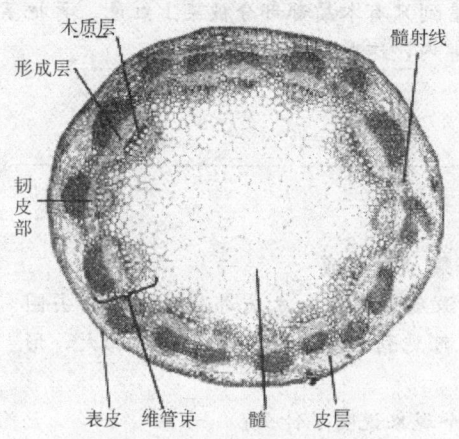

（a）双子叶植物茎（向日葵）
维管束基本组织周围形成圆筒状

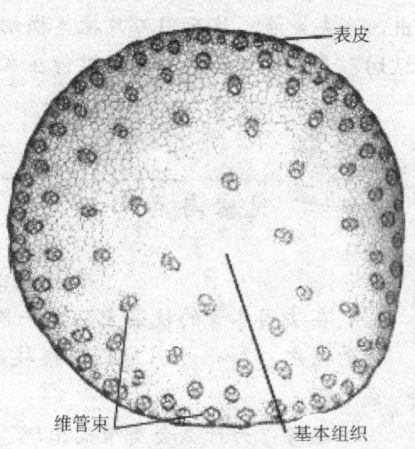

（b）单子叶植物茎（玉米）
维管束分散在整个基本组织中

植物趣谈

感悟绿色生命的律动

细胞是死细胞，细胞壁富有弹性，组合成束，起支持作用，使茎不容易被折断。木质部主要由导管和木纤维组成，木纤维细胞无弹性，坚硬而不易弯曲，有很强的支持力。树木的坚硬牢固，主要靠木纤维的作用。

向日葵、柳树等植物的木质部和韧皮部之间有几层细胞，称为形成层。其中有一层细胞具有分裂能力，向外分裂产生的细胞分化形成新的韧皮部，向内分裂产生的细胞分化为新的木质部。形成层向内分裂的细胞较多，因此茎的绝大部分是木质部。玉米、竹等植物的茎内没有形成层，因此不能加粗。

向日葵茎的维管束排列呈环形，玉米茎的维管束无规则散生在薄壁细胞中。

植物体内营养物质的运送

在植物的茎里，分布着许许多多上下相通的细微管道。这些管道上通叶、花、果实，下达根，担负着运输物质的功能。这些管道就是茎的结构中韧皮部的筛管和木质部的导管，其中，导管输送水分和无机盐，有机物靠筛管进行输送。

动手做一做——观察导管的输导作用

将大叶黄杨（或者黄豆芽的茎）的枝条插在红墨水中，待叶脉呈微红时取出，洗去染液。然后用刀片把茎横切，看到只有木质部部分被染上红色。再把茎纵切，看到许多红色的线条纵行在木质部内，这些线条就是导管。

观察与思考

树枝上的节瘤及其形成

在法国冬青的枝条上环割一圈，深度到树皮和木质部分之间，剥去圈内的树皮。2～3个月后，观察枝条。可见到切口上部的树皮逐渐膨大，形成节瘤。

思考：为什么会有节瘤出现？这个现象说明了什么？

立身之本——植物的营养

原理介绍

树木中对有机物进行输送的结构就在树皮中。环割后，光合作用产物向下运输受阻，有机养料就积存在切口上方，引起切口上方树皮细胞生长加快。植物体内输送有机养料的结构为筛管。

导管细胞与筛管细胞

导管是植物体内木质部中主要输导水分和无机盐的管状结构，为一串高度特化的管状死细胞所组成，其细胞的端壁由穿孔相互衔接，其中每一细胞称为一个导管分子或导管节。导管分子在发育初期是活的细胞，成熟后，原生质体解体，细胞死亡。在成熟过程中，细胞壁木质化并具有环纹、螺纹、梯纹、网纹和孔纹等不同形式的次生加厚。在两个相邻导管分子之间的端壁，溶解后形成穿孔板。

筛管是韧皮部内输导有机养料的管道，由许多管状活细胞上下连接而成。相邻两细胞的横壁上有许多小孔，称"筛孔"。两细胞的原生质体通过筛孔彼此相通。筛管没有细胞核，但筛管是活细胞。

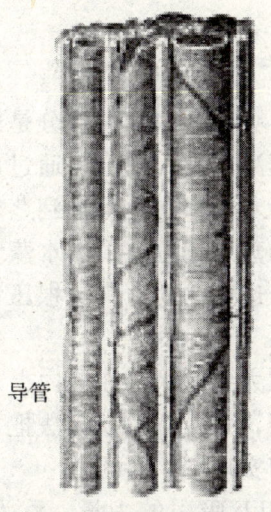
导管

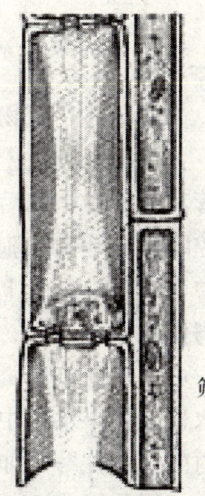
筛管

植物趣谈

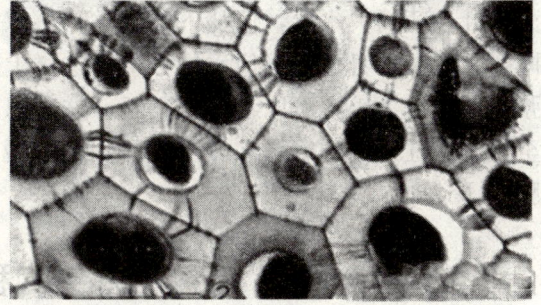
◆细胞之间的胞间连丝

感悟绿色生命的律动

筛管的细胞壁很薄，没有木质化，具有筛孔的横壁称为筛板。筛孔间有胞间连丝相通，这有利于有机物的运输。筛管细胞一侧的细胞，称为伴胞。伴胞具有明显的细胞核和丰富的细胞质。伴胞和筛管细胞共同起源于一个细胞，也就是说它们是由一个细胞分裂而来的。伴胞的功能与筛管运输有机物有关。被子植物具有筛管和伴胞。裸子植物没有筛管和伴胞，只具有由单细胞构成的筛胞。

在韧皮部内，有机物的主要运输组织是筛管和薄壁细胞，在薄壁细胞之间的有机物运输是通过胞间连丝完成的。特别是在种子发芽和成熟时尤为明显。

植物体内水分的运输

如前所述，植物体吸收的水分大部分是用于蒸腾作用的。其大致过程如下：首先水分从土壤溶液进入根部，通过皮层薄壁细胞，进入木质部的导管和管胞中，然后沿木质部向上运输到茎或叶的木质部；接着进入气孔下腔附近的叶肉细胞的蒸发部位，最后水蒸气就从气孔蒸腾出去。在此过程中，水分沿导管上升运送的动力来自根压和蒸腾作用，其中主要动力是蒸腾作用。

可以想象，蒸腾拉力要使水分在茎内上升，导管的水分必须形成连续的水柱。如果水柱中断，蒸腾拉力就无法把下部的水分拉上去。那么植物体内的"水柱"是如何实现不中断的？

相同分子之间有相互吸引的力量，称为内聚力，水分子的内聚力很大。叶片蒸腾失水后，便从下部吸水，所以水柱一端总是受到拉力；与此同时，水柱本身重量又使水柱下降，这样上拉下堕使水柱产生张力。水柱张力比内聚力小，所以水柱就不断。这种以水分具有较大内聚力保证由叶至根的水柱不断来解释水分上升原因的学说，称为内聚力学说，也称为蒸腾-内聚力-张力学说。

"空心树"的秘密

在了解了植物体内营养物质的运输之后，你是否已经找到"空心树"依然能正常存活的缘由所在了呢？

立身之本——植物的营养

树干空心对树木并不是一种致命伤。树木体内有两条繁忙的运输线，生命活动所需的物质靠它们来调运。木质部是一条由下往上的运输线，它担负着把根部吸收的水和无机物运送到叶去的任务；皮层中的韧皮部是一条由上往下的运输线，它把叶片制造出来的产品——有机养分运往根部。这两条运输线都是多管道的运输线，在一棵树上，这些管道多到难以计数，所以，只要不是全线崩溃，运输仍可照常。树干虽然空心，可是空心的只是木质部地心材部分，边材还是好的，运输并没有全部中断，因此，空心的老树仍能照常生长发育。

◆空心树

植物趣谈

 **小博士——剥树皮的利与弊**

俗话说："树怕剥皮"。剥去树皮或者环剥主干的树皮，常常能置植物于死地。浙江西天目山有一棵千年古杉树，被清代乾隆皇帝封为"大树王"。有迷信思想的人认为它是树神，其树皮必能治病于是乱剥树皮当药，使这棵千年古树在几十年前死去了。

树皮是由木本植物茎的表皮、皮层和韧皮部三部分组成的，如果剥去，就影响了树木营养物质的获取。但是，世事无绝对。有些树木是可以剥皮的，例如杜仲。这种树在剥皮后，残留的形成层细胞能长出新的树皮。

 **开心驿站——南非空心树改酒吧**

南非林波波省桑兰农场中一棵拥有6000年历史的空心古树竟被主人改成了

"科学就在你身边"系列

感悟绿色生命的律动

一个最多可以挤下54人的"树心酒吧"。这棵空心古树是一棵猴面包树。这棵空心巨树高达22米,树干周长竟有47米,它是这样的粗大,需要40个成年男子手拉手才能绕着树干围成一圈。

当这个由树洞改造成的"树心酒吧"建成后,许多当地居民都惊呆了,人们没有想到这个"树心酒吧"竟然会这样的宽敞,因为它的天花板竟有4米高,里面可以舒服地坐上15名顾客,一边喝酒一边聊天。这间开在大树树心洞穴内的酒吧,堪称是全世界独一无二的"树心酒吧"。事实上,也只有猴面包树这样的非洲巨树,树干内才能生出这样可开酒吧的巨大洞穴。

植物趣谈

立身之本——植物的营养

看我七十二变
——根、茎、叶的变态

根、茎、叶是植物体的营养器官，在不同植物中，同一器官的形态、结构和大小基本上是大同小异的。然而在自然环境中，由于环境的差异，植物器官在进化过程中会出现一些与某些特殊环境相适应的形态结构特点，甚至是功能的变化，而形成其"与众不同"的特征。由于功能的改变，植物器官出现一般形态和结构上的变化的现象称为变态。

◆水仙　　　　　　　　　　　◆常春藤

例如：常春藤的茎上长出的分支到底是根还是茎？水仙花竟相绽放，它的茎在哪里呢？让我们一起来认识一些植物独特的根、茎、叶吧！

植物趣谈

"科学就在你身边"系列

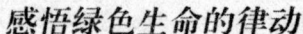 感悟绿色生命的律动

根的变态

◆甘薯的块根

根的变态主要有贮藏根、气生根和寄生根三种。

贮藏根——存贮养料，肥厚多汁，形状多样，它是越冬植物的一种适应能力，所贮藏的养料可供来年生长发育时的需要，使根上能抽出枝来并开花结果。萝卜、胡萝卜和甜菜的贮藏根为肉质直根，主要由主根发育而成，肥大的主根构成肉质直根的主体。和肉质直根不同，块根主要是由不定根或者侧根发育而成。甘薯、木薯和大丽花的块根都属于此类。

◆胡萝卜的肉质直根

◆何首乌

立身之本——植物的营养

你知道吗？

鲁迅先生在《从百草园到三味书屋》中，简略描写了何首乌的形态，"何首乌藤和木莲藤缠络着，木莲有莲房一般的果实，何首乌有臃肿的根。有人说，何首乌根是有像人形的，吃了便可以成仙，我于是常常拔它起来，牵连不断地拔起来，也曾因此弄坏了泥墙，却从来没有见过有一块根像人样。"

南充阆中市江南镇大田坝村63岁老农郑德训向笔者展示了他挖出的一株酷似人形的何首乌。

这株何首乌长约62厘米，重5.8千克，其外形与裸体男婴极为相似，更为奇特的是，何首乌头部高鼻深目、颧面突出，与广汉"星堆人"相似。郑德训说"挖出人形何首乌不知是福是祸，让它入土为安最好不过"，他将再次将何首乌种入土壤，让它重归大自然。在现场，笔者反复查看，这株人形何首乌没有"粘痕"和异物，应可排除人为造假可能，为验明正身，笔者使用小刀轻轻"刺"破何首乌腿部肌肤，可清晰看见雪白的"肉质"中流出黏液。

植物趣谈

◆常春藤的攀援根

◆气生根

感悟绿色生命的律动

气生根——就是生长在地面以上空气中的根，常见的有支柱根、攀援根和呼吸根三种。在较近地面茎节上的不定根不断延长后，根先伸入土中，并继续产生侧根，能成为增强植物整体支持力量的辅助根系，因此被称为支柱根；有些植物如常春藤等，茎细长柔弱，不能直立，其上生不定根，以固着在其他树干、山石或者墙壁等表面，而攀援上升，称为攀援根；生长在海岸腐泥中的一些植物，如红树、水松等，它们有许多支根，从腐泥中向上生长，挺立在泥外空气中，这些根有呼吸孔，内有发达的通气组织，有利于通气和贮存气体，以适应土壤中缺氧的情况，维持植物的正常生长。

 **广角镜——红树的呼吸根**

许多人看红树，只见一片绿林生机勃勃，就奇怪它为什么叫红树？专家这样解释：在世界的热带亚热带区，一些生长在陆地的有花植物，进入海洋边缘后，经过极其漫长的演化过程，形成了在潮间带生长的红树林，这种在潮涨潮落之间，受到海水周期性浸淹的木本植物群落因其富含"单宁酸"，被砍伐后氧化变成红色，故称"红树"。

红树植物的呼吸根，顾名思义，起呼吸作用。在沼泽化环境中，土壤中空气

◆红树的呼吸根

◆菟丝子的寄生根

立身之本——植物的营养

极为缺乏。红树植物的呼吸根极为发达，就是与这种缺氧环境相适应的特征。呼吸根有棒状也有膝曲状的，有的纤细，其直径仅有0.5厘米，有的粗壮，直径达10～20厘米。红树植物板状根是由呼吸根发展而来，板状根对红树植物的呼吸及支撑都有利。红树植物根系的特异功能，使得它在涨潮被水淹没时也能生长。红树植物以如此复杂而又严密的结构与其生长的环境相适应，使人惊叹不已。

寄生根——寄生植物如菟丝子，以茎紧密地回旋缠绕在寄主茎上，叶退化成鳞片状，营养全部依靠寄主，并以突起状的根伸入寄主茎的组织内，彼此的维管组织相通，吸取寄主体内的养料和水分，这种根称为寄生根。

◆葡萄的茎卷须

槲寄生虽然也有寄生根，并伸入寄主组织内，但是它本身具绿叶，能制造养料，它只是吸取寄主的水分和盐分，属于半寄生植物，与菟丝子的营养全部依赖寄主的情况不同。

茎的变态

◆马铃薯块茎

茎的变态种类很丰富，地上茎可以转变为刺，成为茎刺或枝刺，如山楂等；一些攀援植物的茎细长，不能直立，变成卷须，称为茎卷须或枝卷须；茎转变成叶，扁平，呈绿色，能进行光合作用，称为叶状茎或叶状枝，此外还有地上茎的变态——小鳞茎和小块茎。

常见的地下茎有四种：根状茎、

感悟绿色生命的律动

块茎、鳞茎和球茎。根状茎简称根茎,即横卧地下,形状较长,似根的变态茎,如竹、莲、芦苇等;块茎是由茎的先端膨大,累积养料所形成的;由许多肥厚的肉质鳞叶包围的扁平或圆盘状的地下茎,称为鳞茎,如百合、洋葱和蒜等;球茎由茎的先端膨大而成,具有明显的节和节间,节上具褐色膜状物,就是鳞叶,是退化变形的叶,如慈菇、荸荠等。

◆水莎草根茎

◆荸荠球茎

◆玫瑰的茎刺

◆竹节蓼的叶状茎

立身之本——植物的营养

链接——什么是"竹鞭"?

竹鞭是竹类植物在土壤中横向生长的地下茎。竹鞭上有节,节上生根,称为鞭根。节的侧面着生有芽,有的发育成笋,有的发育为新鞭。一片竹林的地上竹株分立,地下竹鞭则联成一体,起源于一棵或少数"竹树"。毛竹竹鞭分布较深,一般在15～40厘米范围内,寿命可达10年以上。中小型散生的竹,如刚竹、淡竹、哺鸡竹等的竹鞭分布较浅,一般为10～25厘米,寿命为6～8年。3～5年的壮龄竹鞭颜色鲜黄,芽饱满,发笋能力较强。

广角镜——奇!一条竹鞭,12根毛笋!

孝丰镇赋石村传来消息,该村一村民上山寻找准备参加今天笋王比赛的笋王时,笋王没找到,却有了意外的惊喜:自己毛竹山上的一根竹鞭在半平方米范围内竟长出了12根毛笋。记者随县林业部门的技术人员赶往赋石水库库区一个叫大坞里的库边毛竹林,山脚一显眼处,50厘米宽、100厘米长的范围内,数根毛笋抱成团纠缠在一起,蜿蜒向上生长,有6根毛笋几乎是挨在一起同时生长的,其余6根在其周边15厘米范围内生长,其中最高的毛笋已经长到了近70厘米。县林业专家通过对现场环境调查后表示,从现场看,该区域具备了毛竹生长的条件,包括充足的阳光、水分和深厚的沃土,在如此小范围内,一条竹鞭上长出这么多竹"子孙",从竹生理角度上来说,具有一定的偶然性。

◆一条竹鞭,12根毛笋

感悟绿色生命的律动

想一想议一议

地下茎与根的区分

茎一般生在地上，生在地下的茎与根相似，如何对地下茎和根进行区分呢？和你的同学或伙伴们讨论一下！

原理介绍

地下茎虽然与根相似，但是仍然具有茎的特点：茎上有叶，有节和节间，叶一般退化为鳞片，脱落后有叶的痕迹，叶腋内长有腋芽。因此，还是容易区分地下茎与根的。

植物趣谈

叶的变态

叶的变态主要有六种。生在花下面的变态叶，称为苞片，有保护花芽或果实的作用，如珙桐、苍耳等；叶的功能特化或退化成鳞片状，称为鳞叶，如荸荠、慈菇等；有些植物由叶的一部分变成卷须状，为叶卷须，如豌豆；还有些植物具有能捕食小虫的变态叶，称为捕虫叶，如狸藻等；有些植物的叶片不发达，而叶柄转变为扁平的片状，并具有叶的功能，为叶

◆鱼腥草的总苞（白色、4枚）

◆相思树的叶状柄

立身之本——植物的营养

状柄,如相思树;由叶或叶的部分变成刺状,称为叶刺。

◆豌豆的叶卷须

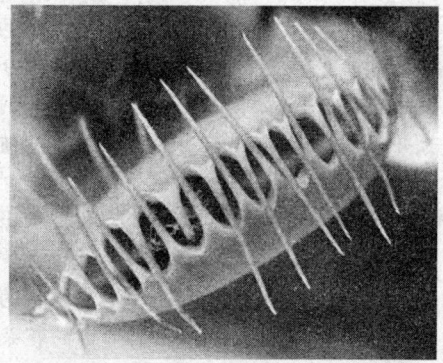

◆捕蝇草的捕虫叶

 你知道吗——仙人掌

植物趣谈

仙人掌是墨西哥的国花,属于石竹目沙漠植物的一个科。由于对沙漠缺水气候的适应,叶子演化成短短的小刺,以减少水分蒸发,亦能作阻止动物吞食的武器;茎演化为肥厚含水的形状;同时,它长出覆盖范围非常之大的根,以便下大雨时吸收尽可能多的雨水。

仙人掌为肉质多年生植 ◆仙人掌

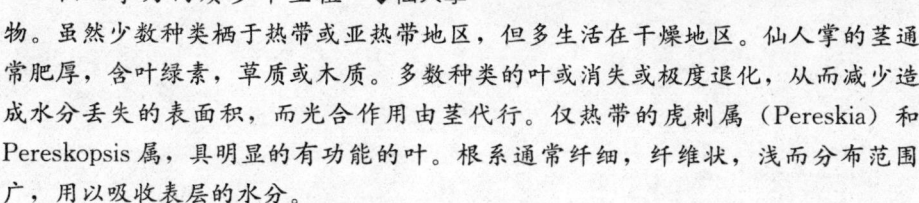

物。虽然少数种类栖于热带或亚热带地区,但多生活在干燥地区。仙人掌的茎通常肥厚,含叶绿素,草质或木质。多数种类的叶或消失或极度退化,从而减少造成水分丢失的表面积,而光合作用由茎代行。仅热带的虎刺属(Pereskia)和Pereskopsis属,具明显的有功能的叶。根系通常纤细,纤维状,浅而分布范围广,用以吸收表层的水分。

仙人掌大多生长在干旱的环境里。有的呈柱形,高10多米,重量约达上万

感悟绿色生命的律动

千克,巍然屹立,甚为壮观。一些长着棘刺的仙人球,有的寿命高达500年以上,可长成直径达2~3米的巨球,人们劈开它的上部,挖食柔嫩多汁的茎肉解渴充饥。仙人掌类植物还有一种特殊的本领,在干旱季节,它可以"不吃不喝"地进入休眠状态,把体内的养料与水分的消耗降到最低程度。当雨季来临时,它们又非常敏感地"醒"过来,根系立刻活跃起来,大量吸收水分,使植株迅速生长并很快地开花结果。有些仙人掌类植物的根系变成胡萝卜状,可贮存3~4千克的水分。曾经有人把一个仙人球包在干燥的纸袋里放了两年多,尽管有些皱缩,但一种到盆里,浇水后又很快长出了新根,并恢复生长。仙人掌以它那奇妙的结构、惊人的耐旱能力和顽强的生命力,受到人类的赏识。

仙人掌还有奇形怪状的茎,鲜艳的花。别看仙人掌的奇形怪状加上锐利的尖刺,使人望而生畏,但它们开出的花朵却分外娇艳,花色丰富多彩。如长鞭状的"月夜皇后",开白色的大型花朵,直径达50~60厘米。被人们喻为"昙花一现"的昙花,就是原产中、南美洲热带森林中一种附生类型的仙人掌类植物。

仙人掌以花取胜还只是培养者宠爱它的一个原因,而形状、颜色各不相同的刺丛与绒毛也受到许多观赏者的喜爱。尤其是一些鲜红、金黄色刺丛与雪白绒毛的品种,更是千姿百态。难怪有人称它们为"有生命的工艺品"呢。

植物趣谈

想一想议一议

识别仙人掌的"变态"

仙人掌是大家比较熟悉的"沙漠植物",你能找到在它身上有哪些器官发生了"变态"了吗?

这样的结构特点,对它自身有什么意义呢?

立身之本——植物的营养

守株待兔 不劳而获
——食虫植物与寄生植物

众所周知，绿色植物通过光合作用制造有机养料，同时释放氧气。许多动物以植物为食，这是天经地义、妇孺皆知的事实。弱肉强食，这也是大自然中无时无刻不在发生的现象。但是，自然界就是这么令人无法想象，有些植物竟然能够"守株待兔"，捕食动物，被称为食虫植物；还有一些植物能从其他个体内吸收营养物质，被称为寄生植物。那么，这些植物是如何实现食虫和寄生的呢？

食虫植物

具有捕食昆虫能力的植物被称为食虫植物。食虫植物一般具备引诱、捕捉、消化昆虫，吸收昆虫营养的能力，甚至可以捕捉一些蛙类、小蜥蜴、小鸟等小动物，所以也称为食肉植物。食虫植物是一个稀有的种群，已知的食虫植物全世界共10科21属约600多种，典型的如猪笼草、捕蝇草、茅膏菜、瓶子草、捕虫堇、狸藻等。大多生活在高山湿地或低地沼泽中，以诱捕昆虫或小动物来补充营养物质的不足。它们以这种特有的方式，在贫瘠的土地上顽强地生存了下来。

那么这些食虫食物是如何捕食动物的呢？它们身体中的哪些结构使自己能够去完成捕食过程呢？我们通过捕蝇草的捕食过程来了解一二吧！

 **万花筒——捕蝇草**

美国北卡罗来纳州东部地区的一片沼泽地上，有一只蓝绿色的小家蝇在无聊地徘徊着，也许它会找到什么可口的食物。它见到了一个大"平台"，以为是一处很好的歇脚之地，但当它落在了上面，就意味着生命的终结。"平台"像是一

植物趣谈

感悟绿色生命的律动

部自动化机器，一触即发，立即闭合。小家蝇越是挣扎，"平台"关闭得越是迅速、牢固，如一只大笼子，并且有黏液出现，将其牢牢粘住，小家蝇就此一命呜呼于这个囚笼里。

原来，这是一种食虫植物，名曰"捕蝇草"。"平台"其实是连接在叶柄上的两个月牙形的裂片，每个裂片边缘具有10～25根尖刺般的刚毛，裂片闭合时，刚毛交互紧锁在一起，宛如一对"魔掌"。每个裂片内侧有3根或更多的激发刚毛，这种刚毛不同于裂片边缘刚毛，它们就像按钮一般，昆虫或其他小的无脊椎动物触动了"按钮"后，裂片立刻迅速紧闭，它们休想再逃脱出去。刚毛受到刺激后，还会促使叶子分泌黏液，一来粘住猎物，二来消化猎物。经过几天的消化，叶子逐渐张开，营养物质被吸收殆尽，余下的是一些难以消化的昆虫的翅膀、外壳，风雨把这些残留物清理干净后，捕蝇草又将等待品尝下一顿美餐了。

食虫植物的根、茎、叶和花，与其他植物并没有特别不同的地方。那么它们又是怎样捕捉和摄食昆虫的呢？奥秘在于"捕虫器"上。

捕虫器之所以能够捕虫，是由于它能分泌一种胶性很大的液汁，昆虫一旦碰上，粘在上面再也休想逃脱。科学家们还发现，这种液汁里含有胺类物质，对昆虫有强烈的麻醉力，可以使昆虫昏迷无力而无法挣脱羁绊。昆虫被捉住以后，捕虫器内的腺体还会分泌出消化液，它含有分解蛋白质的蛋白酶，使虫子被消化解体，从而被植物"吃"掉。食虫，只是食虫植物营养的补充来源，因为它们有根、茎、叶，可以靠自己制造养料而生活下去。既然这样，它们为什么又要捕虫吃呢？原来这种植物生活在缺氮的贫瘠环境里，经过长期演化，形成了用来捕虫而特化了的叶片——捕虫器。

此外，"捕虫器"是这种植物的叶的变态，形式多种多样，不同的植物都有自身独特的"捕虫器"。

捕蝇草——捕蝇草是一种非常有趣的食虫植物，在叶的顶端长有一个酷似"贝壳"的捕虫夹，且能分泌蜜汁，当有小虫闯入时，能以极快的速度将其夹住，并消化吸收。捕蝇草独特的捕虫本领与酷酷的外型，使它成为了最受宠爱的食虫植物！捕蝇草虽然能捕捉昆虫，但是它同时也能进行光合作用制造有机养料，所以属于植物。

捕蝇草的叶子是由中心部位生长出来，属于轮生的叶子。中央长出来扁平或者细线状好似翅膀形状的是属于叶柄的部分，原生种的叶柄是扁平

立身之本——植物的营养

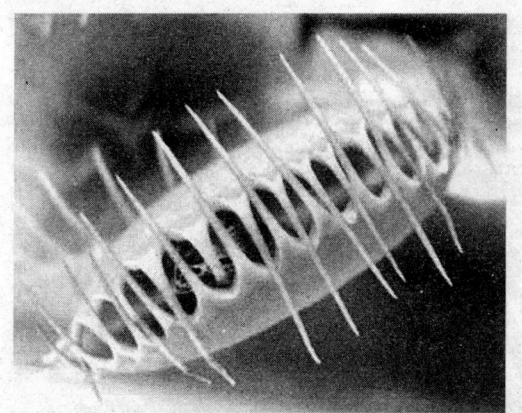

◆捕蝇草的变态叶

◆捕蝇草的变态叶

如叶片一般，反而像是叶子，所以也称作假叶。叶柄的末端带有一个捕虫夹，这才是会捕捉昆虫的叶子的部分，正面分布有许多的无柄腺，一般是红色或者橙色，越接近绿叶的地方无柄腺的分布就越少，这部分是分泌消化液来分解昆虫或者吸收昆虫养分的部位。那里长有齿状的刺毛，刺毛的基部有分泌腺，会分泌出黏液，作用是防止昆虫挣脱叶瓣的粘合。这种叶子拥有捕捉昆虫的特殊功能和特殊的模样，属于变态叶中的"捕虫叶"。

茅膏菜——茅膏菜有多种颜色，其叶面密被分泌黏液的腺毛，当昆虫停落在叶面时，即被黏液粘住，而腺毛又极敏感，有物触及，便会向内和向下运动，将昆虫紧压于叶面。当昆虫逐渐被腺毛分泌的蛋白质分解酶消化后，腺毛重新张开再次分泌黏液，故常能在叶片上见到昆虫的躯壳。这类植物本身有叶绿素，可以进行光合作用，但根系极不发达，而靠捕食昆虫能弥补它氮素养分的不足。

◆茅膏菜的捕虫叶

感悟绿色生命的律动

◆瓶子草的捕虫器

瓶子草——食虫植物除大家熟悉的猪笼草和捕蝇草外，另一种新颖的食虫植物——瓶子草近几年在各大花卉市场上已能见到。在瓶子草的捕虫器上，其瓶口附近便有许多蜜腺，能分泌出含有果糖的汁液。然而这个汁液并不是美食，而是危险的"毒酒"！这些用来引诱昆虫的汁液，除了果糖之外，还含有名为毒芹碱（coniine）的物质，用以谋害昆虫。当昆虫食用了这种毒液后，便会神智不清，或是麻痹、死亡，因此瓶子草才容易捕捉到那么多昆虫。不过，猪笼草似乎比较仁慈一些，蜜汁的毒性较低，因此前来取食的蚂蚁大多能安然地回到巢中，只有最不小心或中毒过深的蚂蚁才会掉入捕虫囊中。相较之下，瓶子草就危险多了。

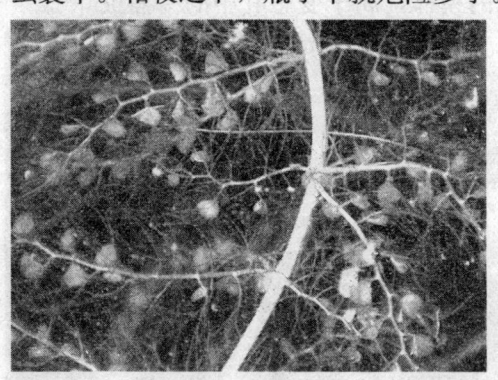

◆狸藻

狸藻——狸藻是唇形目狸藻科狸藻属植物，广泛分布，陆生或水生。具有小囊，能捕获和消化微小的动物，如昆虫的幼虫、水蚤和水生蠕虫等。狸藻的捕虫囊生于匍匐枝或者叶的基部，多数成扁球形半透明状，直径0.25～10毫米。捕虫囊开口周围长有触角，用以吸引小生物，并有一定的导向作用，将猎物引导到捕虫囊口。捕虫囊开口处有可以开合的膜瓣，膜瓣的外侧长有感应毛。当水蚤、孑孓（蚊子的幼虫）等小生物为寻找庇护或者被捕虫囊分泌的蜜汁吸引到捕虫囊口时，感应毛一旦被碰触，原本半瘪的捕虫囊迅速鼓起，形成一股强大的吸力，同时膜瓣打开，将囊口的水流连同猎物一起吸入囊中，

立身之本——植物的营养

并迅速关上膜瓣，整个过程只需约百分之一秒。这时捕虫囊开始分泌消化液，细菌也会对营养的分解有较大的帮助，一般只需要几个小时至数天，猎物被消化，营养被捕虫囊壁吸收，多余的水分也被排出，捕虫囊又恢复原状等待下一个猎物。两次捕猎过程最快时只需间隔15分钟，多次捕猎后剩下的残渣会在捕虫囊内积累，使其颜色逐渐变暗，最终腐烂脱落。

历史故事——他的手被狸藻吃掉了

令人难解的是自然界中还真的就有吃肉的植物。虽说狸藻吃虫，但还没有听说过狸藻吃人！黄高森林位于越南西贡以北，与中国广西龙州相邻，处于左江下游。这里森林茂密，白天天气炎热，夜间寒冷潮湿。1969年8月，美国海军陆战队卡洛塔上尉带着12个人来到黄高森林执行一项军事任务。一天，上士凯文迪和几位同伴在一条溪边饮水。凯文迪刚伸手下去，就被一株水草卷住手腕，他使劲挣扎，竟不能扯脱，便大呼同伴帮忙。一个士兵从前是生物系的学生，认出这种草叫狸藻，知道此草能捕捉水中小虫，却不知为何竟能卷住人的手腕。那士兵当即拔出刺刀，将凯文迪的手斩断。凯文迪惨叫一声，其他几个人惊奇地发现，那只断掉的手，竟被一蓬狸藻卷住，短短几秒钟的时间，就只剩下一些淡红的血水。

毛毡苔——毛毡苔属茅膏菜科，主要生长于潮湿多沼泽地区的沙质酸性土壤，花小，白色或淡粉红色，直径最大有1.25厘米，叶缘扁平，叶表面布满一层具腺体的毛，腺体会分泌一种吸引昆虫的黏性物，当昆虫被吸引前来取食时，会被叶面上可弯曲的触毛所捕获，随即叶席卷，触毛分泌酵素将其消化后，叶又张开再布罗网。

◆毛毡苔的捕虫器

感悟绿色生命的律动

小故事——关于毛毡苔的故事

越战期间,美国陆军74团少校帕克·诺依曼奉命率团执行任务,来到越南的保安县境内的腾娄森林中。在那里,他们发现一块很大的平坦地带,上面没有丛林中常见的灌木丛、榕树及藤本植物,而是一片十分美丽的紫色草苔,如同铺着豪华的地毯。诺依曼少校下令就地休息,而麦克·西弗等3名士兵则奉命去寻找干柴、水源。等他们返回时却惊异地发现,少校等25名官兵消失得无影无踪,那紫色的草毯上只剩下一些枪械刀刃。原来,他们都被这片美丽的毛毡苔吞食了。20世纪90年代,几位生物学家在腾娄森林进行考察,证实了麦克·西弗讲述的一切。毛毡苔是亚洲、非洲和北美洲的一种常见植物,属茅膏菜科。

植物趣谈

◆猪笼草的捕虫器

猪笼草——猪笼草是有名的热带食虫植物,主产地是热带亚洲地区。它拥有一幅独特的吸取营养的器官——捕虫囊,捕虫囊呈圆筒形,下半部稍膨大,因为形状像猪笼,故称猪笼草。在中国的产地海南也被称为"雷公壶",就是意指它像酒壶。

猪笼草的叶子,事实上是叶柄;真正的叶子,是叶柄末端形成的瓶状捕虫器。猪笼草的叶柄形状通常呈椭圆形到箭形,长10~25厘米,宽4~8厘米。叶柄上有一条粗大的叶脉通过,叶脉最后穿出叶柄,而成为卷须,卷须可以用来攀附其他的物体,使猪笼草可以向高处生长。在卷须的末端会形成一个瓶状的捕虫器。猪笼草的叶子为互生,其叶柄通常呈现绿色或黄绿色,叶柄的质感又可再分为纸质和腊质。纸质的叶柄有时候还会覆上一层细毛,腊质的叶柄则不会有毛。通常一个叶柄只会产生一个瓶子,若瓶子老了、枯萎了,或是因故损坏了,原来的叶柄并不会再长出新的瓶子,只有新的叶柄才会长出新的瓶子。

立身之本——植物的营养

开心驿站

食虫植物不仅可以当作观赏植物,也可以用来捕捉苍蝇、蚊子等害虫。在瑞士、丹麦等国家还用捕虫堇来做奶酪,将它的叶片放进桶里,然后装满牛奶,牛奶便凝固成为奶酪。也有不少国家在大面积利用食虫真菌来防治各种作物的线虫病,目前已取得很大进展。

寄生植物

不含叶绿素或只含很少、不能自制养分的植物,约占世界上全部植物种类的十分之一。它们以死亡的或正在分解的生物或在附近生长植物的死亡部分作为养分来源。这类植物当中,一类是腐生植物,水晶兰就是很少几种开花的腐生植物之一。与这些腐生者不同的是许多寄生植物,它们只以活的有机体为食,从绿色的植物取得其所需的全部或大部分养分和水分,而使寄主植物逐渐枯竭死亡。它们是致命的依赖者,植物界的"寄生虫"。

菟丝子——寄生植物家族中,有许多是恶性杂草。"破门而入"的菟丝子就是其中最典型的代表。它是一种生理构造特别的寄生植物,其组成的细胞中没有叶绿体,寄生在果树上,以藤茎缠绕主干和枝条,被缠的枝条产生缢痕,藤茎在缢痕处形成吸盘,吸取树体的营养物质,藤茎生长迅速,不断分枝攀缠果株,并彼此交织覆盖整个树冠,形似"狮子头"。

▷菟丝子

菟丝子对阳光充足的开阔环境似乎有所偏好,路间的护坡到海边的灌木丛,都是菟丝子理想的寄生环境。菟丝子有成片群居的特性,故在野外极易辨识。当菟丝子侵害植物时,会长出吸器伸入植物体内,吸取寄主的养分,继续长出其他分枝。一株菟丝子可覆盖住相当大面积的农作物或植物。而菟丝子的种子有休眠作用,所以一旦田地被菟丝子侵入后,会造成

感悟绿色生命的律动

连续数年均遭菟丝子危害的问题。

◆肉苁蓉

肉苁蓉——肉苁蓉是多年生肉质草本植物，其寄主很多，有梭梭、红沙和柽柳等，尤其喜欢寄生在梭梭这种耐旱木本植物的根上。肉苁蓉很奇特：一生中有3～5年是埋在沙土里生长的。出土后生长一个月左右的时间。它的茎黄色，高80～150厘米，肉质肥厚且不分枝，叶子则退化成肉质小鳞片，无柄，密集螺旋排列在茎上，5月间从茎顶端抽出穗状花序。肉苁蓉露出地面的部分，几乎都由花序组成。开花结果后，结出大量细小的种子。种子随着风沙一起飞扬，一旦深入土层与寄主根接触，便得到寄主根分泌物的刺激，加上适合的温度，就开始萌发，开始新一轮的寄生生活。

此外，有些植物依赖于其他植物而生存，但也能进行光合作用，我们称之为半寄生植物，如槲寄生、檀香树等。

槲寄生——槲寄生一般为常绿小乔木，由于其果实被鸟类播撒到别的树上，于是就找到了寄主。它的叶子含有叶绿素，可以进行光合作用，产生自己需要的有机营养物质，但水分和养料需从寄主中吸取。

檀香——檀香在其叶子能进行光合作用但满足不了自己的需求时，从根系上长出一个个圆形吸盘，吸取相思树、长春花和长叶紫珠等植物根部的营养，与寄主为伴。

绿叶获得太阳的能量，用光合作用制造养料

槲寄生长在诸如苹果、山楂和松科常绿树的树枝上

◆槲寄生

繁衍之道

——植物的生殖与繁衍

你仔细观察过马铃薯吗?在它的表面有些凹陷,被称为芽眼。如果你将马铃薯切成许多小块,让每一小块上都带有几个芽眼,然后提供其所需的营养条件,接下来会发生什么?你听说过植物也能生"小宝宝"吗?冬去春来,花朵竞相开放,但你知道吗,有些植物一旦开花,就意味着其生命的终结!人类是否可能根据自己的愿望,培植出自己需要的植物呢?

在植物的生殖和繁衍过程中有种种奇特的现象,让我们略探一二!

繁衍之道——植物的生殖与繁衍

"传承"之路
——开花、传粉和受精

种子植物从种子萌发开始，就不断地进行着生长和发育。在以营养生长为基础的前提下，经过一定的时期，满足了光照、温度等因素的要求，以及某些激素的诱导作用以后，就进入了生殖生长的阶段，开始其"传承之路"，繁衍后代。高等植物的有性生殖一般要经过开花、传粉和受精三个过程。

被子植物的花

根、茎、叶、花、果实和种子是植物体的六大器官，其中花、果实和种子与植物的繁殖密切相关，是植物体的生殖器官。

讲解——花、果实和种子

一朵完整的花由花柄、花托、花萼、花冠、雄蕊群和雌蕊群组成，其中雄蕊和雌蕊是一朵花的主要部分。

花柄是着生花的小枝，可以把花展布在枝条的显著位置上，同时也是花朵和茎相连的短柄。花托是花柄或小梗的顶端部分，一般略呈膨大状。花的其他各部分按一定的方式排列在花托上面。花萼是由若干萼片组成，包被在花的最外层；花冠位于花萼的上方或内方，由若干花瓣组成，排列为一轮或多轮，多具鲜艳的色彩。花萼和花冠在花中主要起到保护作用，有些还有利于花粉传送。

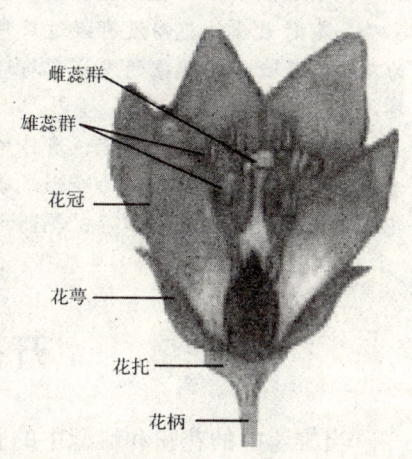

◆花的结构示意图

感悟绿色生命的律动

◆雄蕊

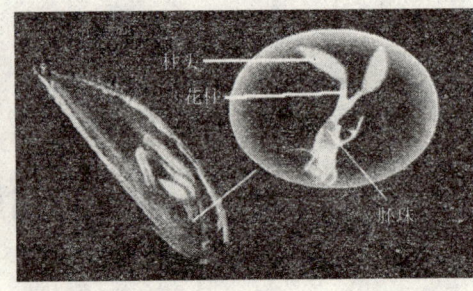
◆雌蕊

雄蕊群是一朵花中雄蕊的总称，由多数或一定数目的雄蕊组成，位于花被的内方或者上方。大多数被子植物的雄蕊由花丝和花药组成，花药是产生花粉粒的地方。花粉成熟后，花粉囊自行破裂，花粉由裂口处散出。雌蕊群是一朵花中雌蕊的总称，位于花中央或者花托的顶部。每一雌蕊由柱头（接受花粉的部位）、花柱和子房三部分组成。构成雌蕊的单位称为心皮，是具有生殖作用的变态叶。子房内着生有胚珠，每一胚珠由珠心、珠被和珠柄组成。

你知道吗——花粉败育和雄性不育

花药成熟后，一般都能散放正常发育的花粉。但由于种种内在和外界因素的影响，有时散出的花粉没有经过正常的发育，不能起到生殖的作用，这一现象称为花粉的败育。该现象的发生常与环境条件有关，例如：温度过低，或者严重干旱等。

个别植物由于内在生理、遗传的原因，在正常自然条件下，也会产生花药或者花粉不能正常发育，成为畸形或者完全退化的情况，称为雄性不育。表现为：花药退化，仅花丝部分残存；花药内不产生花粉；产生的花粉败育。

开花、传粉

当雄蕊中的花粉和雌蕊中的胚囊达到成熟的时候，或者二者之一已经成熟，原来的花被仅仅包住的花张开，露出雌雄蕊，这一现象就是开花。

繁衍之道——植物的生殖与繁衍

常言道："一花独放不是春，百花齐放春满园"。不同植物的开花季节虽然不完全相同，但是大体上集中在早春季节的较多。

开放时的花朵，一般雌蕊和雄蕊已经成熟，雄蕊的花粉囊通过一定方式开裂并散出花粉。由花粉囊散出的成熟花粉（内含精细胞），借助一定的媒介力量，被传送到同一花或者另一花的雌蕊柱头上的过程，就是传粉。其中，花粉散出后，落到同一花的柱头上为自花传粉；落到另一花柱头上为异花传粉。

异花传粉是植物界中比较普遍的，与自花传粉相比，是一种进化的方式，它们的后代往往具有强大的生存力和适应性。连续长期的自花传粉是有害的，可使后代的生存力逐渐减弱。这在农业生产中已经得到证明：自花传粉植物小麦，如果长期连续自花传粉，30～40年后会逐渐衰退而失去栽培价值；大豆在连续10～15年自花传粉后，也会如此。

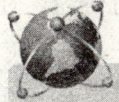
广角镜——报春花及其传粉

报春花为报春花科多年生草本植物，常作一或二年生栽培。有花柄或无柄，全缘或分裂。花排成伞形花序或头状花序，有时单生或成总状花序；萼管状、钟状或漏斗状，5裂；花冠漏斗状或高脚碟状，长于花萼，裂片5，全缘或2裂；雄蕊5，着生于冠管上或冠喉部，内藏；胚珠多数；蒴果球形或圆柱形，5～10瓣裂。花是2型的，即在一植株上的花中有长花柱，柱头长达花冠的口部，而雄蕊则生于冠管的中部；而在别的植株上的花中有短花柱，柱头仅及花冠的中部，雄蕊则生于冠管的口部。这是适应异花授粉的一种构造，因为它的花冠管是长而且狭的，除了具有长缘的蜜蜂和蝴蝶外，其他的昆虫就无

◆报春花

感悟绿色生命的律动

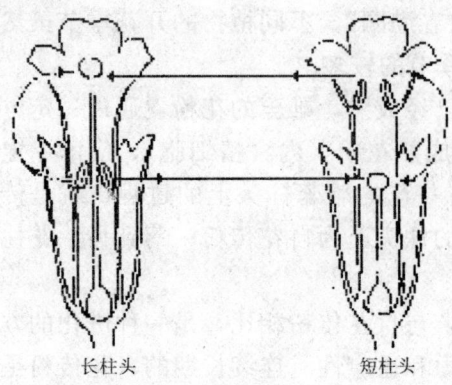

长柱头　　　　　短柱头
实线箭头示正规传粉　虚线箭头示不正规传粉
◆报春花属植物异花授粉示意图

法对它采蜜。在这种情况下，当长喙的昆虫采蜜时无形中就把长雄蕊的花粉传于长花柱的柱头上，短雄蕊的花粉传于短花柱的柱头上，这种正配授粉才能产生充分发育的种子。花期冬春两季，花有深红、纯白、碧蓝、紫红、浅黄等色；红、蓝、白色花有黄芯，还有紫花白芯、黄花红芯等，可谓五彩缤纷，鲜艳夺目，多数品种花还具有香气。蒴果球状，种子细小，褐色，果实成熟时开裂弹出。

植物进行异花传粉，必须依靠各种外力的帮助，才能把花粉传布到其他花的柱头上去。风媒和虫媒是常见的传粉媒介。各种不同外力传粉，往往产生一些特殊性的结构，使传粉得到有效保证。

约有十分之一的被子植物是风媒的，风媒植物的花多密集成穗状花序等，能产生大量花粉，同时散放；花粉一般质轻、干燥、表面光滑，容易被风吹送；花柱往往较长，柱头膨大呈羽状，高出花外，增加接受花粉的机会；先叶后花，开花期在枝上的叶展开之前，散出的花粉受风吹送时，可以不受叶的阻挡。

◆枫叶

◆枫花（风媒花）

繁衍之道——植物的生殖与繁衍

虫媒花多具特殊的气味以吸引昆虫，多半能产蜜汁；花大而显著，并具有各种鲜艳的颜色。此外，虫媒花在结构上也常常和传粉的昆虫之间在花的大小、结构和行为上呈互相适应的关系。

你知道吗——水媒花

除了风媒和虫媒传粉外，水生被子植物中的金鱼藻、黑藻、水鳖等都是借助水力来传粉的，即水媒。例如：苦草为雌雄异株，它们生活在水底，当雄花成熟时，大量雄花花柄脱落，浮生水面开放，同时雌花花柄迅速延长，把雌花顶出水面，当雄花飘近雌花时，两种花在水面相遇，柱头和雄花花药接触，完成传粉和受精过程，以后雌花的花柄重新卷曲成螺旋状，把雌蕊带回水底，进一步发育成果实和种子。

受 精

传粉作用完成后，落在柱头上的花粉粒被柱头分泌的黏液所粘住，以后的花粉内壁在萌发孔处向外突出，并继续伸长，形成花粉管。花粉管沿着花柱到达子房后进入胚囊，花粉管末端即行破裂，将精子及其他内容物注入胚囊。

花粉管中的两个精子释放到胚珠的胚囊中后，接着发生精子和卵的融合。其中一个精子与卵融合，形成受精卵，将来发育成种子中的胚；另一个精子与极核融合，形成初生胚乳，将来发育为胚乳。

卵细胞和极核同时和精子分别完成融合的过程，是被子植物有性生殖特有的现象，称为双受精。

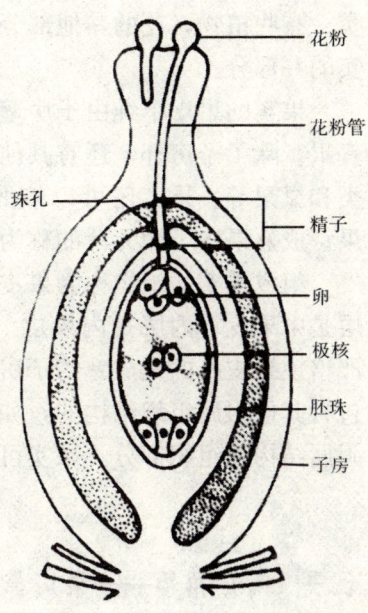

感悟绿色生命的律动

 知识窗——无融合生殖及多胚现象

在正常情况下，被子植物的有性生殖是经过卵细胞和精子的融合发育成为胚，但是在有些植物里，不经过精卵融合，也能直接发育成为胚，这类现象称为无融合生殖。无融合生殖可以是卵细胞不经过受精直接发育成为胚，例如蒲公英、早熟禾等，这类现象称为孤雌生殖。或是由胚囊里的其他细胞如助细胞、反足细胞等非生殖性细胞发育成胚，如葱、含羞草等，被称为无胚子生殖。

在一般情况下，被子植物的胚珠只产生1个胚囊，每个胚囊也只有1个卵细胞，所以受精后只能发育成为1个胚。但有的植物往往有2个胚或者更多胚存在，即为多胚现象。

果实、种子的形成

被子植物的受精作用完成后，胚珠就发育成为种子，子房发育成果实。有些植物，花的其他部分和花以外的结构，也有随着一起发育成为果实的一部分。

果实的果皮单纯由子房壁发育而成的，称为真果，多数植物的果实为真果。除了子房外，还有其他部分参与果实组成的，为假果，如苹果、瓜类和凤梨等。果实还可以按照其性质进行分类：有肥厚肉质的，称为肉果；成熟果皮干燥无汁的称为干果。

组成果实的组织称为果皮，通常分成三层结构：最外层是外果皮；中层是中果皮；内层是内果皮。三层果皮的厚度不一致，视果实种类而异。严格说果皮指的是成熟的子房壁，如果果实的组成部分，除了心皮外，还包含其他附属组织结构的，如花托等，则果皮的含义也扩大到非子房壁的附属结构或组织部分。果实可以根据不同的分类依据，分成很多种类。

 广角镜——果实都是由子房发育而来的吗？

我们常说，果实由子房发育而来，那么日常水果的食用部分是否由子房发育

繁衍之道——植物的生殖与繁衍

而来的呢？

草莓——由膨大的花托转变成可食用的肉质部分，每一个真正的小果为瘦果。

桑椹——为多数单花所形成的果实，集于花轴上，形成一个果实单位。

无花果——隐头花序的花序轴成为果实的可食用部分。

凤梨——多汁的花轴成为可食用部分。

番茄——食用部分由发达的胎座发展而成。

◆草莓

◆无花果

◆桑椹

植物趣谈

种子的结构包括胚、胚乳和种皮三部分。种子里的胚由卵经过受精后的受精卵发育而来，受精卵是胚的第一个细胞。受精卵经过细胞的分裂和分化形成胚根、胚轴、胚芽和子叶。胚乳是被子植物种子贮藏养料的部分，由极核受精后发育而成。种子中的胚乳的养料有的经过贮存后，到种子萌发时才为胚所用，这类种子有胚乳，称为有胚乳种子，如水稻、小麦、蓖麻种子等；另一些植物，随着胚的形成，养料随即被胚吸收，储存到子叶里，种子成熟时已经无胚乳存在，称为无胚乳种子，例如豆类、瓜类等。种子的外表，一般为种皮所包被，种皮是由胚珠的珠被随着胚和胚乳同时一起发育而成。

感悟绿色生命的律动

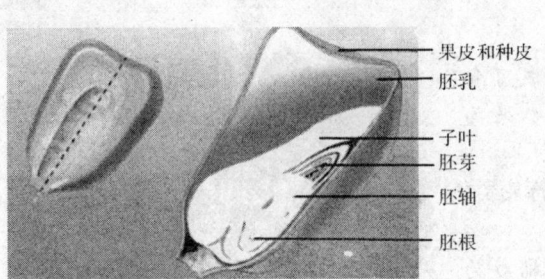

◆玉米种子结构

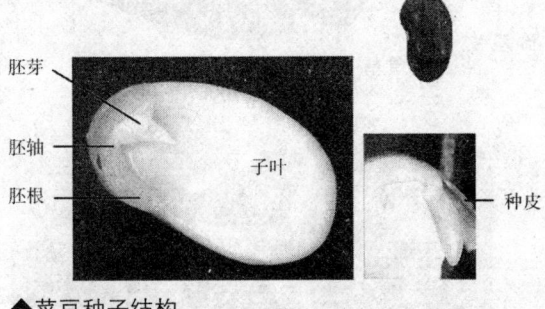

◆菜豆种子结构

植物趣谈

在无胚乳种子中,胚很大,胚体各部分,特别是在子叶中储有大量营养物质。在有胚乳种子中,胚与胚乳的大小比例在各类植物中有着很大不同。不同植物种子中的胚乳的寿命、数量以及储藏物质的种类都有很大不同。胚乳中最普通的储藏物质是淀粉、蛋白质和脂肪,还有糖类,如甘露糖和半纤维素可以沉积在细胞壁上,咖啡、柿子、海枣等就是以这种方式贮存养料。含淀粉的胚乳常常是没有生命的。

种子是所有种子植物所特有的器官,种子的大小、形状、颜色因种类不同而异。椰子的种子很大,油菜、芝麻的种子较小,而烟草、马齿苋、兰科植物的种子则更小。蚕豆、菜豆为肾脏形;豌豆、龙眼为圆球状;花生为椭球形;瓜类的种子多为扁圆形。种子的颜色为褐色和黑色的较多,但也有其他颜色,例如豆类种子就有黑、红、绿、黄、白等色。种子表面有的光滑发亮,有的暗淡或粗糙。造成表面粗糙的原因是由于种子表面有穴、沟、网纹、条纹、突起、棱脊等雕纹的结果。有的种子还具有翅、冠毛、刺、芒和毛等等附属物,这些都有助于种子的传播。

种子体积的大小差异很大。一个带着内果皮的椰子种子,可以达几千克重,而药用植物马齿苋种子的千粒重只有 0.13 克。寄生的高等植物列当的种子更小,千粒重仅为 0.0029～0.0049 克。

繁衍之道——植物的生殖与繁衍

第一次，也是最后一次
——一生只开一次花的植物

◆竹

各种植物的开花习性不全相同，反映在植物的开花年龄、开花季节和花期长短都很不一致。例如：多年生植物在达到开花年龄后，就能每年到时候开花，延续多年；一或二年生的植物，一般生长几个月就能开花；有些植物一生仅开一次花，然而这一次就是它生命中唯一的绽放，开花后，整个植株枯萎凋谢。自然界有哪些植物是一生只开一次花的呢？

植物趣谈

竹

竹子，多年生木质化植物。竹枝杆挺拔，修长，亭亭玉立，四季青翠，凌霜傲雨，倍受我国人民喜爱，为"梅兰竹菊"四君子之一，有"梅松竹"岁寒三友之一等美称。竹子已经被列为贵阳市的市树。

竹，具有地上茎（竹竿）和地下茎（竹鞭）。竹类的一生中，大部分时间为营养生长阶段。那

◆竹鞭

"科学就在你身边"系列　　·103·

感悟绿色生命的律动

么竹开花吗？

竹的繁殖方式

◆竹子开花

竹子主要是进行无性繁殖的，每年春季从地下的竹鞭上长出笋来，然后发育成新竹。竹鞭不是它的根，而是地下茎。地下茎可以分为三个类型：单轴型的地下茎能继续生长，芽着生于两侧，侧芽发育成笋；合轴型的顶芽发育成笋，侧芽产生新的地下茎，相连形成合轴，地下茎产生竹竿密集成丛，大熊猫喜欢吃的愉竹和华桔竹，就属于这一类；此外还有一种复轴型，是上述两种的混合型。

竹子的有性生殖则像其他有花植物一样，先开花，后结籽，完成整个生长周期。竹子开花的周期，也因竹子种类不同有三种类型：少数竹子可以年年开花，开花后竹竿并不死亡，仍然可以抽鞭长笋；大部分竹子在整个生长过程中只开一次花，而且有一定周期，40～80年不等，开花后茎叶枯黄，成片死去，地下茎也逐渐变黑，失去萌发力，结成的籽即所谓竹米，下种后萌发生长，才能长成新竹，箭竹和华桔竹就属于这个类型；还有一种类型是不定期零星开花，开花后，竹林并不死去，例如慈竹就是其中的一种。华桔竹、大箭竹等都属于定期成片开花的一类。这类竹子开花的间隔时间很长，一般为50～60年，还有的甚至要近百年才开一次花。但是，不论哪一年长出的竹竿，只要竹鞭的年龄相同或相近，那么开花的时间就大体相同。即使生态环境差别很大，如阳坡、阴坡、陡坡、缓坡，不同的土壤，不同的海拔高度，都能同时开花。

繁衍之道——植物的生殖与繁衍

 **知识广播——竹子多少年开花？竹子开花是"不祥之兆"吗？**

由于竹子的种类不同，开花周期长短也不一样，这也是受遗传性的影响。有的竹子十几年或几十年才开花，如牡竹、版纳甜竹需要30年左右才开花，茨竹、马甲竹需要32年才开花，莉竹属有的种类需要80多年才开花；有的甚至长达百年才开花，如桂竹需要120年才开花。当然，也有少数例外，如群蕊竹、线痕莉竹，一年左右开一次花；而唐竹、孝顺竹，则开花无规律性。正是因为竹子开花比较少见，并且在开花后绿叶凋零，枝干枯萎，成批的死去，所以一些有迷信思想的人误认为竹子开花是"不祥之兆"，使人们对这种自然现象产生了神秘感和种种疑问。

揭秘一生只开一次花

为什么竹子开花后成片枯死呢？这是人们长期感到迷惑不解的问题，科学家对此也持有不同观点。有的科学家认为，竹子生长到一定的年龄，必然会出现衰老，为了繁衍后代，所以要在生命结束之前开花、结果。他们作了如下解释：植物的根、茎、叶为营养器官，它们的生长称为营养生长；植物的花、果实、种子叫生殖器官，它们的生长称为生殖生长。植物的开花习性可分为两大类：一类是一次开花植物，如稻、麦、竹子等；另一类是多次开花植物，如苹果、梨等。一次开花植物一生就开一次花，其特点是生长前期营养生长占优势，当营养生长达到一定阶段后，生殖生长就渐渐转向优势，最后开花结实。因为开花结实要消耗掉大量的有机养料，而这些养料来自根、

植物趣谈

茎、叶,所以开花结实后,营养器官中贮存的养料大部分被消耗,不能再生活下去,就逐渐枯死了。一次开花植物小麦和水稻是这样,竹子也不例外。竹子开花,使竹鞭和竹竿贮藏的养分被消耗尽,多数种类,如毛竹、梨竹等,开花后地上和地下部分全部枯死。但是像斑竹、桂竹、雅竹等少数竹种,开花后地上部分死亡,而地下部分的芽仍能复壮更新。也有个别竹种如水竹、花竹等,开花后植株叶片仍保持绿色,地下部分也不枯死。不过,应尽快砍去花枝,以减少营养消耗,从而保证竹林的正常生长。

万花筒——我国的"竹子之最"

1. 中国是世界竹类植物的起源地和现代分布中心之一,被誉为"世界竹子之乡"。

2. 中国是竹子资源最丰富的国家,竹子的种类、面积、蓄积、产量均居世界之首,被誉为"竹子王国"。

3. 中国具有十分悠久的竹子栽培与利用历史,"华夏竹文化,上下五千年,衣食住行用,处处竹相随",被称为"竹子文明的国度"。

4. 中国是竹子经营集约程度最高的国家,全国竹业总产值已超过200亿元人民币。中国有十大竹子之乡,有年亩产竹材5000千克、亩产鲜笋3000千克、亩产值达5万元人民币的高度集约经营样板。

5. 1997年11月,中国第一个政府间国际组织——国际竹藤组织在北京正式成立。

西谷椰子树

西谷椰子树属棕榈科植物,它与棕榈、槟榔以及椰子等是同科兄弟姐妹。西谷椰子树主要分布于马来半岛、印尼诸岛和巴布亚新几内亚等地。它的树干挺直,叶子很长,约有3~6米,终年常绿。树干长得很快,10年就可长成10~20米高;但是,寿命很短,只有10~20年。一生中只开一次花,而且开花后不到几个月就枯死了。

西谷椰子树的树皮内全是淀粉,开花之前,是树干一生中淀粉贮存的最高峰。然而奇怪的是,这些积存了一生的几百千克的淀粉,竟会在它开花后的很短时间内被消耗殆尽,枯死后的米树只留下了一株空空的树干。

繁衍之道——植物的生殖与繁衍

为了及时地收获大自然赐给人类的食粮，当地人未等米树开花就把它砍倒，刮取树干内的淀粉。自古以来，米树的淀粉一直是当地土著居民的重要食粮。他们把刮到的淀粉放在桶内，加水搅拌成米汤，澄清后干燥，然后再加工成一粒粒洁白晶莹的"大米"，这就是著名的"西谷米"。用它做饭，喷香可口，营养丰富。目前世界上仍有几百万人依靠西谷米来维持生活。因此也有人称它为"产大米的树"。

西谷米不怕虫蛀，可作纺织工业上浆之用。西谷椰子树的嫩芽可以当菜吃，叶柄很粗，可作建筑材料。

◆西谷椰子树

植物趣谈

 **开心驿站——林子深处飘酒香**

你们知道吗，世界上还有会酿酒的树。此树生长在印度和缅甸等国，它是一种名叫"树头棕"的乔木，高20多米，粗约0.8米。叶子又大又重，果实能生出醇香馥郁的"米酒"。当地人用这种"米酒"宴饮和作调料。

另一种酿酒植物是生长在非洲津巴布韦的"休洛树"。休洛树的树干里潜藏着大量酒液。人们只要拍拍树干，或者在树干上踩一踩，就会闻到酒香。如果在树干上挖一个小洞，酒液就会接连不断地流出来。当地人常常带了菜肴进入林中，铺一块塑料布，一边割树取酒，一边开怀畅饮。

新奇棕榈树

植物学家宣布，非洲马达加斯加岛发现新种棕榈树，它呈巨大金字塔

感悟绿色生命的律动

◆新奇棕榈树

形,就是在卫星上也能够看见。更加神奇的是,对这种棕榈树而言,它每100年就开花,而开花便是其长久生命的终止。此发现发表在《林奈学会植物学杂志》上。

令植物学家咋舌不已的是,这种棕榈树具有奇特的生命周期,它们会开花自杀身亡。在马达加斯加岛上的伦敦植物园工作的米乔罗·雷可淘里尼夫说:"它十分壮观。它也许要100年才开花,当它开花时,常常被误认为是另一种棕榈树。但当开满花朵时,它就有点像芦笋,花开树顶,开始扩张。你觉得好像是一颗圣诞树长在棕榈树顶上一样。"

英国植物学专家表示,这种棕榈树长到"巅峰"之后,顶端会绽放出数以百计的小花朵,形成一个巨大的花序。每朵花都能授粉后结果,很快,果子淌下的甘露吸引来无数昆虫和鸟儿。一旦开花结果,棕榈树储存的营养完全消耗,几个月后,整棵树连带果实就会倒塌和死亡。

由于这种棕榈树现在的数量可能不足百棵,保护它们已刻不容缓。为此,科学家希望采集一些种子,让它们在几十个植物园里慢慢成熟,并加以种植,以让它们能幸存下来。他们还要将种子送给马达加斯加岛上的植物园和学校。此外,还有一些种子将通过代理机构来出售,所得利润返回给当地的村民。不过,虽然这些树有数千种子,但只能采集一小部分,其余的就让它们自生自灭了。科学家表示,"如果我们能成功地劝说村民相信此树具有价值,他们将会帮助保护这些树。"

万花筒——法国人偶遇奇树

法国人泽维尔·梅斯在马达加斯加岛经营一家腰果树种植园,一天,他和家人在马达加斯加岛西北部偏远的阿纳拉拉瓦地区一处石灰岩山地郊游时,眼前忽

繁衍之道——植物的生殖与繁衍

然出现一棵巨大的棕榈树,树顶上开满了一簇簇小花。他们以前从来没有看到过这种树,啧啧称奇之后,他们用相机拍下了棕榈树,回家后把照片贴在互联网上。

专门研究棕榈树的世界权威科学家之一的英国植物学家约翰·丹斯弗尔德看到了这些照片,说:"当我在网上看到这些照片时,我难以相信我的眼睛。在我的人生生涯中,看到它是一个最为激动的时刻之一。此树是一个新品种和新种类。之前在马达加斯加岛没有看到过它的进化路线。目前有2500种棕榈树,只有少数会开花和死亡。但可以肯定的是,这是我们在马达加斯加岛看到的首种自杀身亡的棕榈树。"

龙舌兰

◆龙舌兰

龙舌兰是龙舌兰科龙舌兰属多年生常绿植物,植株高大。叶色灰绿或蓝灰,长可达1.7米,宽20厘米,基部排列成莲座状。叶缘刺最初为棕色,后呈灰白色,末梢的刺长可达3厘米。花梗由莲座中心抽出,花黄绿色。喜温暖、光线充足的环境,生长温度为15℃~25℃。耐旱性极强,要求疏松透水的土壤。

龙舌兰原产于美洲,有些种类在原产地要生长十年或几十年才能开花,巨大的花序高可达7~8米,是世界上最长的花序,白色或浅黄色的铃状花多达数百朵,开花后植株即枯死,所以龙舌兰被称为"世纪植物"。

你知道吗——龙舌兰有毒吗?

龙舌兰又名番麻,但不是芦荟,该物种为中国植物图谱数据库收录的有毒植物,其毒性为叶汁有毒,可刺激皮肤,产生灼热感。兔每天口服100毫升龙舌兰的叶汁,第三天出现厌食、活动减少、后肢麻痹等中毒症状,如不治疗可致死,

感悟绿色生命的律动

解剖检查有胃黏膜充血和肝脏缺血。羊食龙舌兰叶汁后可出现中耳炎、紫绀、呼吸困难和心率加快等症状。龙舌兰叶汁还可毒死鱼。

链接：最美丽的龙舌兰——维多利亚女王龙舌兰

◆维多利亚女王龙舌兰

维多利亚女王龙舌兰植株高约20～23厘米，直径可达20～25厘米。叶在短茎上形成紧密的莲座丛。深绿色，长三角形，厚肉质，长约15厘米，叶面上有不规则微凸的内线纹，多集中在边缘。叶全缘，先端坚硬锐利。

植株生长非常缓慢，每年只长1～2片新叶，因此成熟植株非常名贵，是龙舌兰中最美丽的品种。

依米花

依米花生长在非洲的荒漠地带，默默无闻，很少有人注意过它。许多游人以为它只是一株草而已。但是，它会在某个清晨突然绽放出美丽的花朵。那是无比绚丽的一朵花，似乎要占尽人世间所有色彩一样。它的花瓣呈莲叶状，与非洲大地上空的毒日争艳。但它的花期很短，只有两天。两天后它就会枯萎，开花意味着它的生命的终结。

为什么依米花会在生命最后的时刻开出花儿来呢？植物专家们解开了这个谜。植物的生长需要水分，而开花的植物对水分的需求更大。非洲一般植物都有庞大的根系采水，以供自身的水分需求。但是，依米花没有根系，它只有唯一的一条主根，孤独地蜿蜒盘曲着，钻入地底深处，寻找有水的地方。那是一个需要幸运和顽强努力的过程，一株依米花往往需要4

繁衍之道——植物的生殖与繁衍

~5年或6~7年的时间在干燥的沙漠里寻找水源，然后一点点积聚养分，在完成积累所需要的全部养分后，它开花了，在它最美丽的时候，它因耗尽自己所有的养分而凋零。

◆依米花

植物趣谈

感悟绿色生命的律动

植物也生"小宝宝"?
——胎生植物

"十月怀胎,一朝分娩。"说的是人类繁衍后代的过程。受精卵必须在母体内发育成婴儿,才会呱呱坠地,离开母体独立成长。在动物界,哺乳动物如马、猴等也都是胎生。在植物界,胎生是十分罕见的,说起来不少人也许会感到很新奇,然而在植物界就是有"胎生植物"的存在。

植物趣谈

红树林

世界上最有名的胎生植物是热带海滩上的红树林植物。在热带和亚热带的泥质性海滩上,生长着茂密的红树林,人们称它"海底森林"。这一株株的红树都是由胎生幼苗发育而成的。

红树植物是一类生长在热带海洋潮间带的木本植物,例如红树、秋茄树、红茄苳、海莲和木榄等。当退潮以后,红树植物在海边形成一片绿油油的"海上林地",也有人称之为碧海绿洲。它们对调节热带气候和防止海岸侵蚀起了重要作用。而由红树植物构成的树林,就叫红树林。红树林主要生长在热带地区的隐蔽海岸,常在有海水渗透的河口、泻湖或有泥沙覆盖的珊瑚礁上。有些木本植物既能在潮间带

◆红树林植物—海红榄

繁衍之道——植物的生殖与繁衍

◆红树林

◆红树林

成为红树林群落的优势种，又能在内陆生长，我们把它们称为半红树植物。在红树林中，所有草本及藤本植物被称为红树林伴生植物。

红树是一种小乔木，高2～12米，生活在热带、亚热带沿海一带的海滩上。我国广东、海南岛、福建和台湾的沿海地区，都有它的分布。在这些地方，红树和别的树木一起，组成了红树林。红树林里有常绿的乔木和灌木，树林非常稠密。海滩上每天都涨潮和退潮，涨潮时，红树林的树干全被海水淹没，树冠在水面上荡漾；退潮后，棵棵树木又挺立在海滩上，形成了海滩上的奇特景观。

植物趣谈

万花筒——北海红树林

红树林是热带、亚热带海岸潮间带特有的胎生木本植物群落，素有"海上森林"之称，它倚海而生，随潮涨而隐、潮退而现，是国家级重点保护的珍稀植物。北海山口镇的国家级红树林自然保护区位于北海市合浦县境内，海岸线长50千米，面积8000公顷，保护红树林面积为7.2平方千

◆北海红树林（一）

感悟绿色生命的律动

米，共有红海榄树、秋茄、桐花树等 12 种红树林植物，是广西乃至我国大陆海岸发育良好、连片大、结构较典型、保护较完整的红树林区。1990 年 10 月被国务院列入首批国家五个海洋自然保护区之一。1991 年 5 月被国家海洋局和广西壮族自治区人民政府定为"国家级山口红树林生态自然保护区"，新近又加入了联合国教科文组织人与生物圈保护区网络。

最好在涨潮时去观看红树林，这样可以乘着游船，感觉更好。如果在落潮时去观看，可能会比较失望，因为会感觉它们和普通的小树林差不多。

红树的胎生

红树每年开两次花，春季一次，秋季一次。一棵红

◆北海红树林（二）

◆北海红树林（三）

树花谢以后，能结出 300 多个果实。果实细而长，长度一般在 20 厘米以上。每个果实中含有一粒种子。当果实成熟时，里面的种子就开始萌发，从母树体内吸取养料，长成胎苗。胎苗长到 30 厘米时，会脱离母树，利用重力作用扎入海滩的淤泥之中，几小时以后，就能长出新根。年轻的幼苗有了立足之地，一棵棵挺立在淤泥上面，嫩绿的茎和叶也随之抽出，成为独立生

◆红树果实

繁衍之道——植物的生殖与繁衍

活的小红树。如果胎苗下坠时正逢涨潮，便马上被海水冲走，随波逐流，漂向别处。但胎苗不会被淹死，因为它的体内含有空气，可以长期在海上漂浮，不会丧失生命力，有的甚至在海上漂浮二三个月，一旦漂到海滩，海水退去时，就会很快地扎下根来，成为开发新"领土"的勇士。

凡是有机会到红树林的人，可以看到一个非常有趣的现象，即在每一棵红树母株上结满了"角果"。其实，这并非是"角果"，而是由种子萌发出的幼苗。当红树的种子成熟后，几乎没有休眠期，不离开母株就在果实里萌发，胚轴伸长并突出果皮之外，形成一棵棵棒状的幼苗。在红树林的所有成年树上，几乎整年都挂着不同发育时期的幼苗。当幼苗长到一定程度时，借助于本身的重量和风力与母体脱离而落到地面，插进海滩的淤泥之中，也就是"分娩"了。数小时后，这些"胎生"幼苗长出许多幼根将自己牢牢固定住，在海潮到来之前，它们已是一株株独立生长的小树了。这样，它们就免于被潮水卷入大海。但是，也有些幼苗在脱离母树时正遇上海潮，不能坠入淤泥而被海水带走，随着海水漂流到远处。一旦海潮将它们送上海滩，便迅速地扎根生长，逐渐长成大树，再经过多年繁殖，便形成气势磅礴的红树林。

红树的胎生是对生活环境的适应

红树原来生长在污泥冲积比较深厚且有潮水浸没的热带、亚热带的浅海滩上，由于海水中含有大量盐分，红树要在这种环境条件下生存，就必须有抗盐的本领。当它的种子在母树上萌发时，就能够从母体中逐渐吸收盐分，使幼苗的抗盐能力逐步增强。这样经过耐盐锻炼的幼苗，在脱离母体凭借粗大的下胚轴插到淤泥中后，便能很快扎根生长，或者被海潮冲走，凭着下胚轴中的大量通气组织在海面漂浮，并能抵抗和耐受海水的高浓度盐分，然后又被潮水送到别的海滩上安家落户、扎根生长，因此在沿海分布很广。由此可见，红树的"胎生"，完全是对海滩环境长期适应的结果。

植物趣谈

知识广播——植物海水淡化器

品尝过海水的朋友都知道，海水又咸又涩。因为海水中的盐分较高，所以人

感悟绿色生命的律动

们都没办法直接饮用海水,而植物就更不能直接吸收海水来维持自己生长了。可是红树的本领却特别大,虽然长期浸泡在海水中,却依然能够茁壮成长。秘密就在红树的叶片中!红树具有革质化的叶子,可以反射海上强烈的光照,既可以减少水分的蒸发又能够经受海浪、狂风的冲击;叶子的背面具有短而密的茸毛,可以阻止海水浸入气孔;树叶里面含有各种各样的排盐腺、泌盐结构和一种叫单宁酸的物质,它能够将植物体内过多的盐分排出体外,为植物提供生长所需要的淡水。所以,人们又把红树称为"植物海水淡化器"。

其他胎生植物

秋茄——灌木或小乔木,树皮平滑,灰褐色;侧枝的气根向下生成为支柱根。叶对生,革质,长椭圆形,中脉明显,叶上表面深绿色,背面草绿色。花白色,具短梗,2~5朵排成二歧聚伞花序。胎生,成熟时胚轴呈红褐色,远望似茄子,故称为"秋茄"。秋茄为盐分排斥者,有泌盐现象。

◆秋茄的花

◆发育中的胚轴

◆成熟的胚轴,远望似茄子

——在墨西哥、中美洲和西印度群岛干湿季节明显的地带生长一种佛

繁衍之道——植物的生殖与繁衍

◆佛手瓜

手瓜，也是很典型的胎生植物。由于佛手瓜的原产地高温多湿，同时，每年又有一定时间的旱季，因此佛手瓜在雨季时迅速生长发育、开花结果，种子成熟后不脱离母体，即在果实中萌发成为幼苗，当干旱季节来临时，瓜藤枯萎而结束其一生。这时挂在瓜藤上果实中的幼苗，却能从果肉中吸收到必需的水分，故不会受到干旱的威胁。等到雨季再来临时，果实落到地上，里面的幼苗长出许多不定根，长成独立的植株，并很快地伸展茎蔓，抢在旱季之前，已顺利地开花结果。佛手瓜就是这样以形成胎生的特性，争分夺秒，利用有限的水分，成为向干旱作斗争的胜利者而存活下来。

胎生铁线蕨——胎生铁线蕨，多年生草本，植株高20～45厘米。根状茎粗短、直立，密生线状披针形棕色鳞片。叶簇生；叶柄长10～20厘米，灰棕色或禾秆色，腹面扁平，有浅纵沟，向上直到叶轴疏生红棕色纤维状小鳞片；叶近革质，阔披针形或狭椭圆形，长12～30厘米，宽3.8～7厘米，先端渐尖呈尾状，基部渐变狭；幼时下面有少数狭披针形鳞片，后脱落，一回羽状或二回羽状分裂，羽片互生，基部宽1.1～1.3厘米，通常腋间有1个具鳞片的芽孢，能产生新株，边缘为不规则的浅裂；裂片舌形至长圆形，顶端有3～6个

◆胎生铁线蕨

植物趣谈

感悟绿色生命的律动

◆胎生狗脊蕨

钝齿。叶脉两面隆起呈沟脊状，侧脉通常二次分叉。孢子囊群长线形，沿着小脉着生；囊群盖线形，全缘，淡棕黄色。

我国陕西、甘肃、四川和青海等省的山坡上，草甸或河滩砾石中生长着一种胎生早熟禾。雨季时迅速生长，开花，结实；到了干旱的秋季，茎秆顶上小穗中的籽粒已经成熟，籽粒中所怀育的胎儿——胚，也逐渐萌发成幼苗。当雨季再次来到时，籽粒落到地上，其中的幼苗很快生出根来长成小植株。在干旱季节来临前，已结束了短暂的一生。同样，胎生早熟禾的胎生现象，也是对干旱地区长期适应的结果。

胎生狗脊蕨——胎生狗脊蕨，叶片上布满了带小叶片的芽孢，每一芽孢落地后可长出一棵新的植株。实际上这里所谓的胎生是指以芽孢进行无性繁殖，这种现象在植物界不乏其例，如卷丹、山药和景天科的许多植物都有芽孢繁殖的能力。

繁衍之道——植物的生殖与繁衍

走自己的路
——果实和种子的传播

您是否听到过这样的歌词和旋律:"我是一颗蒲公英的种子,谁也不知道我的快乐和悲伤,又有谁在意我的飘荡。随着风,不知道下一次飞翔的方向。起起落落,停停走走,完全不能左右风的力量……"它对蒲公英种子的传播进行了生动的诠释。

种子是被子植物用以繁殖的特有结构,是包在果实里受到果实保护的,同时果实的结构也有助于种子的散布。果实和种子散布各地,对扩大后代

▶蒲公英

植株的生长范围与繁荣种族是有利的,也为丰富植物的适应性提供了条件。

果实和种子的传播散布,主要依靠风力、水力、动物和人类的携带,以及通过果实本身所产生的机械力量。果实和种子也有适应于各自传播方式的结构特点。

靠果实自身散布种子

有的植物的果实在急剧裂开时,会产生机械力或喷射力量,使种子散布出去。干果中的裂果,在果皮成熟后成为干燥坚硬的结构,由于果皮各

感悟绿色生命的律动

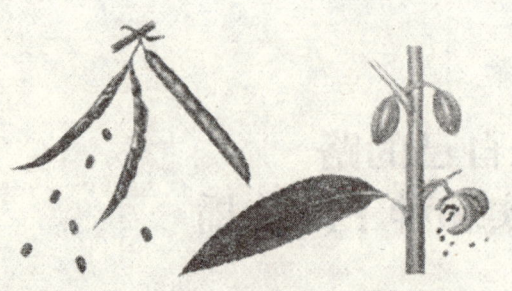

绿豆　　　　凤仙花　　　　苦瓜

◆借果实裂开的弹力自落传播

植物趣谈

◆酢浆草

◆毛柿

层后壁细胞的排列形式不同，随着果皮含水量的变化，容易在收缩时产生扭裂现象，借力把种子弹出去，分散到远处。例如常见的大豆、蚕豆、凤仙花等。

因此大豆、油菜等经济植物的果实成熟后必须及时收获，否则待其干燥后自行裂开，使种子散布在田间，就会造成损失。

酢浆草也是一种靠机械方式将种子散播出去的植物。它是一种很普通的野生杂草，开小黄花，花后结出具五棱的蒴果，成熟时，果沿室背开裂，果壳卷缩将种子弹出，抛射至远处。

有些果实或种子本身具有重量，成熟后果实或种子会因重力作用直接掉落地面，例如毛柿及大叶山榄。自体传播种子的散布距离有限，但部分自体传播的种子在掉落地面后，会发生二次传播，鸟

繁衍之道——植物的生殖与繁衍

类、蚂蚁、哺乳动物都是可能的二次传播者。野燕麦是典型的自体传播者，它能够自己"爬"进土中。野燕麦种子的外壳上有一根长芒，会随空气湿度的变化而发生旋转或伸直，种子就在长芒的不断伸曲中，一点一点向前挪动。一旦碰到缝隙就会钻进去，第二年就会生根发芽。但它"爬行"的速度相当慢，一昼夜只能够前进1厘米。

◆野燕麦

 你知道吗——喷瓜的传播

植物趣谈

◆喷瓜

请看这一株属于葫芦科的植物，已经结了一个带毛刺的小瓜，你可知道此瓜的奥秘吗？当瓜成熟时，稍有触动，此瓜便会脱落，并从顶端将瓜内的种子连同黏液一起喷射出去，射程可达5米以外，喷瓜也因此而得名。大自然中喷瓜传播种子的本领已经达到了登峰造极的水平。

风力传播的果实和种子

多种植物的果实和种子是借助风力散布的，它们一般细小质轻，能悬浮在空气中被风力吹送到远处。有的果实或者种子表面常生有絮毛、果

感悟绿色生命的律动

翅，或者其他有助于承受风力飞翔的特殊构造：如杨絮和柳絮（杨或柳种子外面长有的细毛）、蒲公英果实上长有降落伞状的冠毛，白头翁果实上带有宿存的羽状柱头，槭或榆的果实和松树的一部分果皮和种皮铺展成翅状。

您知道春天柳絮飞扬的

◆中华槭

◆红皮柳

◆加杨

奥秘吗？抓一团柳絮仔细观察，会发现里面有些小颗粒，那是柳树的种子。柳树就是靠柳絮的飞扬把种子传播到远处去的。杨柳科中的杨树也是靠杨絮传播种子的。加杨的果序将要成熟时果开裂，杨絮就四处飞扬，大街上杨絮到处散播会造成环境污染。因此，行道树应种雄株杨树，不能种

繁衍之道——植物的生殖与繁衍

◆松树的球果和种子

植雌株杨树。

槭树的果具双翅,像长了翅膀的鸟,将其中的种子带向远方。

松树的果实上有很多小片片,每个小片片里都夹有瓜子般大小的种子。每颗小种子的身上都有一层薄片,像翅膀那样。每到松果成熟时,小片片就会打开,这时风一吹来,藏在小片片里的种子便随风飞翔。当风静后,种子就落在泥土里,到下雨的时候,土地被淋得坑坑洼洼的,地上的种子便被泥土覆盖起来,到合适的时候,就会生根发芽了。

小博士——风滚草

风滚草是戈壁的一种常见的植物现象,有多种植物会成为风滚草。当干旱来临的时候,会从土里将根收起来,团成一团随风四处滚动。在戈壁的公路两旁,起风的时候经常可以看见它们在随风滚动。也因此被称为植物界的"运动健将"。

我国东北和北美洲的大草原上,就有会"走路"的风滚草。

在草原和荒漠上的风滚草,当种子成熟的时候,球形的植物在根颈部断离,随风吹滚,分布到较远的场所。

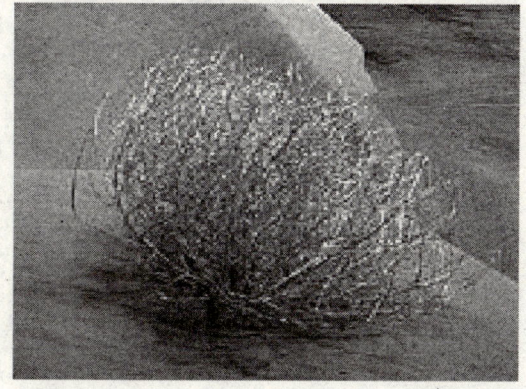

◆风滚草

每当秋天,风滚草的枝条都向内弯曲,卷成一个圆球。秋风一吹,"圆球"就脱离根部,拔地而起,在地上打起滚来,一直能滚几十里地。即使在冬天,大

感悟绿色生命的律动

雪覆盖了草原,也根本阻挡不了风滚草的脚步,它们照样可以在地上滚来滚去,继续旅行,直到春暖花开,才停止漂泊,扎根安家。

水力传播的果实和种子

◆椰树

水生和沼泽地生长的植物,果实和种子往往借助水力传送。莲的果实,俗称莲蓬,呈倒圆锥形,组织疏松、质地轻,漂浮于水面,随水流到各处,同时把种子远布各地。陆生植物中的椰子,它的果实也是靠水力散布的。椰果的中果皮疏松,富有纤维,适应在水中漂浮;内果皮极坚厚,可防止水分侵蚀;果实内含有大量椰汁,可以使胚发育,这就使得椰果能在咸水的环境条件下萌发。热带海岸地带多椰林分布,与果实的散布是有一定关系的。

◆荷花

池塘中的睡莲,果实成熟后,沉没在水中,以后由里面跑出很多黑色的种子,种子外面包有一层像海绵袋一样充满空气的"救生圈"(外种皮)。种子可以随波逐流旅行得很远,直到"救生圈"里面的空气散尽,或者外种皮烂掉以后,才沉入水底,等待来年生根发芽长出新的植物。

红树的果实在海浪中漂游,有发达的棒状胚轴平衡,决不会倒栽葱扎在淤泥里。

松叶菊的种子遇到雨水就会张开,促使其张开的动力,是因其干组织吸收水分所致,种子张开后,就会支开一张小小的"弹簧床",一视同仁地反弹雨水和种子。

繁衍之道——植物的生殖与繁衍

广角镜——世界上最大的豆荚——海豆

许多热带河流的两旁，都可以看到世界上最大的豆荚——海豆，中国也有，称为榼藤子。这些硕大无比的豆荚中，住着世界上数一数二的"旅行高手"。豆荚上的种子以凹陷两两相隔，因此每一颗种子都能分别落入水中，一一踏上旅程。一颗种子在一条非洲的河流随波逐流，在旅行了几千米甚至几百千米后抵达河口，只要通过红树林就能进入广阔的大海。这些种子可以在大海和岛屿间穿梭一年仍具有生命力，其外壳在饱经磨损后破裂，释放出里面的种子，种子仍可以自己漂流，当然有许多种子在大海中香消玉殒，但其中小部分可以历经千辛万苦到达遥远的气候适宜的大洋彼岸。一颗种子抵达了位于北澳的热带海滩，可能是来自几千米外的海滩，也可能是来自其他的大陆。

◆榼藤子

植物趣谈

动物传播的果实和种子

一部分植物的果实和种子是靠动物和人类的携带散布开的，这类果实和种子的外面生有倒刺或者有黏液分泌，能挂在或附着于动物的毛、羽或者人们的衣裤上，随着动物和人们的活动无意中把它们散布到较远的地方，如窃衣、鬼针草、苍耳、丹参和独行草等。

果实中的坚果，常常是某些动物的食物。尤其是松鼠，常把这些果实搬运开去，埋藏在地底下，除一部分被吃掉外，留存的会在原地自行萌发。蚂蚁对一些小型植物的种子，也有类似的传播方式。

果实中的肉果类，多半是鸟兽动物喜欢的食料。这些果实被吞食后，

感悟绿色生命的律动

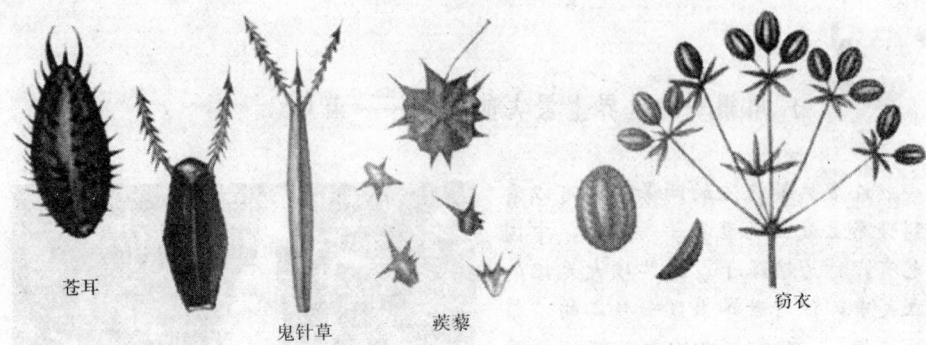

苍耳　　　　　　鬼针草　　　蒺藜　　　　　　窃衣

◆借人类或动物的活动传播

植物趣谈

果实部分被消化吸收，残留的种子，由于其坚韧种皮的保护，不经消化即随着鸟兽的粪便排出，散落各处。如果外界环境条件适合，就能萌发。多种植物的果实，也是人类日常生活中的辅助食品，人们在取食时，往往把种子随处抛弃，种子就借此机会取得了广为散布的机会，如樱桃和野葡萄。

◆樱桃

苍耳这种植物你可能已经见过，每当秋天野外郊游归来，它的果实会挂在你衣裤上，仔细察看它的刺毛顶端带有倒钩，可以牢牢钩住，不易脱落，在不知不觉中你已经为它的种子传播尽了义务。类似苍耳这样

◆野葡萄

传播种子的植物还很多。在草原牧区，这种植物对毛纺织业是一大害，羊毛中夹有这种植物的刺毛会大大降低成品质量，所以毛纺工业有检毛刺的工序。

　　哺乳动物传播的，大部分都是属于一些中、大型的肉质果或干果。一繁衍之道——植物的生殖与繁衍

般而言，哺乳动物的体型比较大，食物的需要量大，故会选择一些大型的果实。譬如猕猴喜爱摄食野桃子及芭蕉的果实，也帮助这些植物进行传播。还有多数哺乳动物长有皮毛，这些皮毛也会将一些带有钩刺的植物种子附带到较远的地方去。

◆苍耳子

植物趣谈

感悟绿色生命的律动

高效率的"拷贝不走样"
——植物的营养繁殖

植物趣谈

◆雨后春笋

根、茎、叶、花、果实和种子是植物体的六大器官，其中根、茎、叶为营养器官，而花、果实和种子为生殖器官。植物体经过开花、传粉和受精过程后，形成种子，种子在适宜的环境中萌发并成长为一个新的植物体。你是否知道，植物体的根、茎、叶，这些营养器官具有再生能力，其某一部分在脱离母体后，离体的部分能长出不定根、不定芽，从而发展成为新的独立生活的植株。这样的繁殖方式被称为营养繁殖。左上图中即为"雨后春笋"现象，你知道为什么会这样吗？

在自然情况下不经人工辅助而产生新植株的，称为自然营养繁殖；经过人们的辅助，采用各种方式以达到繁殖个体、改良品种或保留优良性状为目的的营养繁殖，称人工营养繁殖。

自然营养繁殖

被子植物的自然营养繁殖多借助于块根、鳞茎、球茎、块茎、根状茎等变态器官来进行。如洋葱、百合、水仙、蒜、风信子等通过鳞茎进行营养繁殖；马铃薯、菊芋、花叶芋等通过块茎繁殖；慈菇、荸荠等用球茎繁殖。

繁衍之道——植物的生殖与繁衍

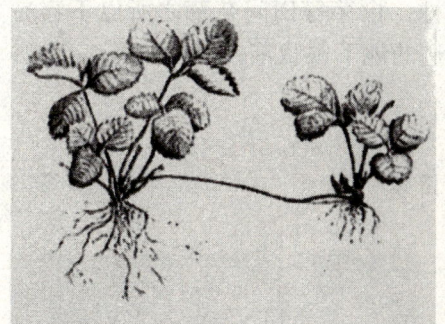
◆草莓的营养繁殖

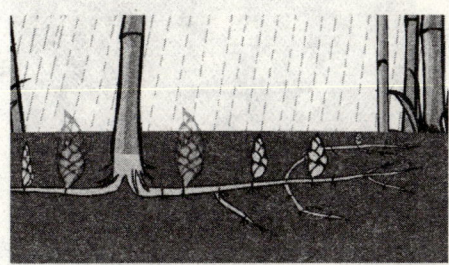

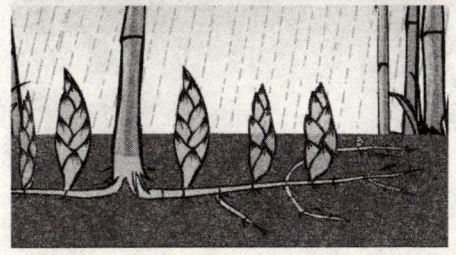
◆竹的根状茎

马铃薯块茎上的顶芽和芽眼内的腋芽，可以在第二年生长发育，长成新植株。人工繁殖马铃薯时，可以把整个块茎切成许多带有芽眼的小块埋入土中，不久芽体萌发，成为新的个体。以后由植株茎基部形成许多地下根茎，向四周横向生长，根茎的近顶端部分由于积聚养料而膨大，成为肉质的块茎，即食用马铃薯。

在地面蔓延的匍匐茎是植物重要的营养器官。由植物茎基部生出的匍匐茎向地面四周生长延伸。当茎节与地面土壤接触后，从节上长出不定根，顶芽则向上开放成为新植株，以后又从新植株再伸出新的匍匐茎。如此多次反复，可由一株植物扩展为一大片，如草莓等。

竹、藕等是以地下的根状茎来繁殖的。根状茎的节上有不定芽，生长发育后伸出地面，成为直立的地上的茎枝，同时还从节上丛生出不定根。如果把根状茎分割成若干

植物趣谈

◆马铃薯的芽眼及芽

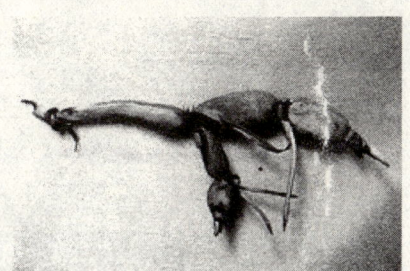
◆藕地下茎

感悟绿色生命的律动

小段,则每一小段有可能成为一株新植株。白茅等田间杂草之所以不容易彻底铲除,就是因为这些植物有相当发达的地下根状茎。

广角镜——"落地生根"的由来

"落地生根"在温度高、空气湿度大的环境下,生长迅速、容易倒伏、朝向地面一侧常密生白色气生根,遇到土壤能很快插入土中,不断增粗,成为吸收根。叶片肥厚而多汁,灰绿色、三角形,交错对生于茎上,一般成年植株叶片长达10~20厘米,宽2~5厘米。植株幼小时叶片较平展,长大后叶片容易弯曲翻卷,叶背面有不规则鱼鳞状紫色斑纹,叶缘锯齿较深,遇到干旱或不利的环境,锯齿中间靠近叶背一侧,能很快生出具有2~4片真叶的幼苗。排列整齐有序,轻触即落,遇到土壤很快生出白色须根,成为新的个体,这是它最基本的繁殖方式,其名也是由此而来的。

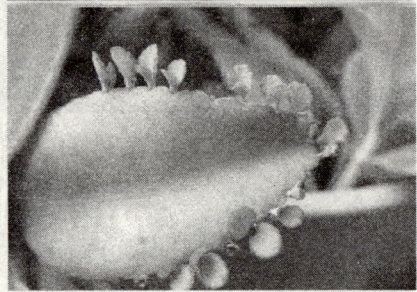

◆落地生根

人工营养繁殖

◆扦插虎皮兰

人们在生产实践中应用植物营养繁殖这一特性,采取各种措施,在加速植物繁殖、改良作物品种或保存品种的优良特性等方面起了很大作用。在生产实践中,经常采用的人工营养繁殖措施有分离、扦插、压条和嫁接等几种。

繁衍之道——植物的生殖与繁衍

讲解——分离、扦插、压条和嫁接

植物体的根状茎、匍匐茎等长成的新植株被人为加以分割后，新植株与母体分离，分别移栽在适当场所任其发育长大的方法，称为分离繁殖。分离繁殖移栽的新植株，一般是已经长大了的小植物体，所以成活率很高。

多种木本植物的繁殖是采用根蘖（也称为萌蘖，即萌发的新芽）进行的，如野生的洋槐、杨、花楸以及栽培的苹果、樱桃、银杏等。由这些植物的根部长出的不定芽发展成为萌蘖枝，再把它们连同母根一段，及时进行移栽，即可成为新植株。我国杉木的繁殖和杉木林的更新，是利用砍伐过的树干基部，或者由老根产生的不定芽所形成的新苗来实行的。其他如香蕉、小麦、水稻等，也可采用分离的方法进行繁殖。

◆压条

◆远缘嫁接（萝卜白菜）

植物趣谈

广角镜——银杏栽培之根蘖苗的培育

银杏是根部萌芽性很强的树种，在根部受到机械损伤或蔓延近地面时，常发生根蘖。利用这种特性，可将母树附近的土壤挖开，切伤根系，诱发根蘖苗；也可在早春于树干根际铺一层土杂肥，然后同土壤一起翻耕，并灌水保持湿润，促进根蘖苗发生。

银杏无论是雄树还是雌树，萌蘖能力均很强。一般以20～40年生树木的根

感悟绿色生命的律动

际萌蘖最多，通常一株可发15～20株，最多高达60余株，幼树不但萌蘖少，而且苗木生长不旺，老树则很少发生萌蘖。所以在育苗前，应选择生长健壮的20～24年生母树根蘖育苗。这样的母树根系发达，雌、雄易于认别，如是优良品种苗木，不需要嫁接便可直接用于定植。

链接：根蘖性与农田防护林

根蘖性是指一些植物的根部可以出现分蘖，对周边土壤扩散而后无性生殖出多个新生个体的特性。

许多恶性杂草如菊科的紫茎泽兰、蒿草等有这种性质，可以依靠根部短时间内复制多数个体而令人头疼，椿树、沙棘、槭树、悬钩子属都有这类特性，也可以利用这种特性为农林业大量生产苗木。

农田防护林树种如果根蘖性过于发达，容易引起由根部无性繁殖而侵入农田抢夺作物养分的结果。

扦插

扦插：剪取植物的一段带1～2个芽的枝条，一段根或一张叶片，插入湿润的土壤或其他排水良好的基质上，经过相当时间后，可以从插入的枝段、根段和切口处或叶片上长出愈伤组织，再由愈伤组织上长出不定根，并由原来的芽体或者新长成的不定芽发展成为新个体。通常扦插是用枝条

准备疏松的土　　　浇水

扦插　　　罩上塑料袋

把扦插的植物放在荫处，待长出新叶后枝条就成活了。

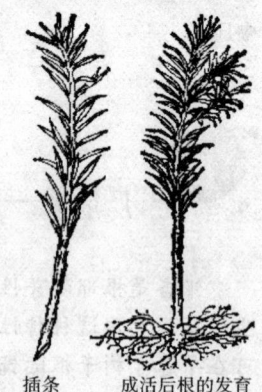

插条　　成活后根的发育

紫杉的扦插（带叶硬木杆插）

植物趣谈

繁衍之道——植物的生殖与繁衍

来进行，有些植物可以用根进行扦插，如蔷薇、梨、合欢树等。

基质情况对扦插成活率的大小有很大关系，一般湿润、疏松、空气流通、排水良好和温度适中的基质成活率比较高。能否成活的关键，取决于不定根是否能及时形成。柳、杨、绣球花等植物的不定根形成比较容易形成，油桐、油茶、苹果、梅等的不定根形成比较困难。

压条

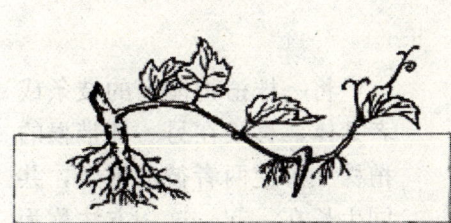

◆波状压条

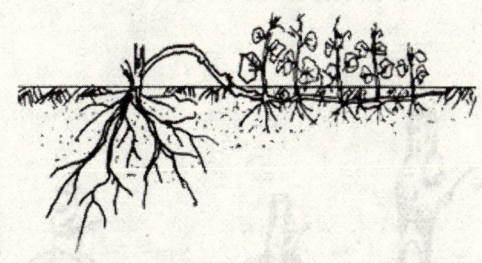

◆水平压条育苗

压条也是常用的人工营养繁殖措施之一，与扦插不同的是在新植株生成不定根后，再从母体上割离栽植，所以成活率很高。压条繁殖常用于生根比较缓慢的植物种类，方法比较简单，一般在天气转暖、雨量充沛的早春季节进行。在压条时，可以从需要压条的植物体上，选取靠近地面的枝条，轻轻弯下，以能碰到地面为准。待其生根后再与母株断开。对桑、葡萄等已实际应用。对木瓜等的压条也比较容易。常见的有普通压条、水平压条、波状压条、堆土压条和空中压条。

对植株高大、枝条坚硬、不易向下弯曲触及地面的植株种类，可用空中压条的方法来进行。即在选定的枝条上，在适当的部位，剥去一圈树皮或切一裂痕，用对半劈开的竹筒、瓦罐或者塑料袋套合在枝条的割皮或者

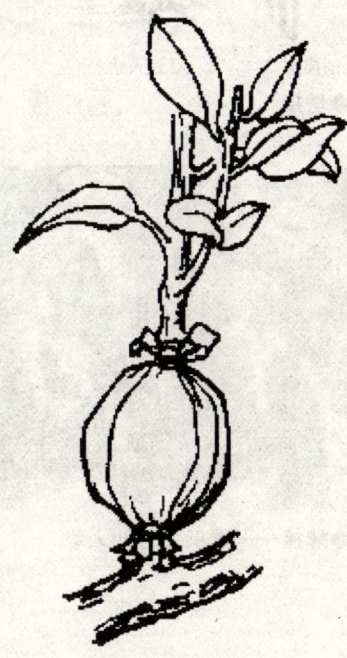

◆空中压条

植物趣谈

"科学就在你身边"系列

感悟绿色生命的律动

裂痕处，中间填泥土，周围用绳扎好，经常浇水使之湿润，待新根长出，即可将枝条从割皮下方截断，移栽入土。如紫玉兰、白玉兰、桂花等均可用这一繁殖方式。

水平压条。适于枝条较长且易生根的树种（如苹果矮化砧、藤本月季等）。又称连续压、掘沟压。挖浅沟，按适当间隔刻伤枝条并水平固定于沟中，除去枝条上向下生长的芽，填土。待生根萌芽后在节间处逐一切断，每株苗附有一段母体。

嫁接

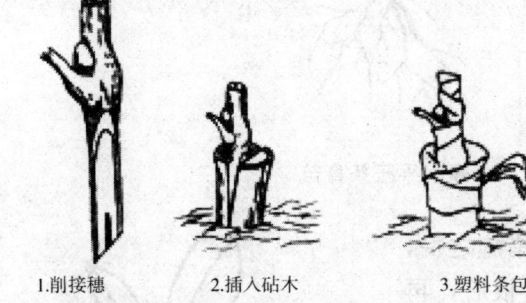

1.削接穗　　2.插入砧木　　3.塑料条包扎
◆劈接

◆嫁接——蟹爪兰与仙人掌

将一株植物体上的枝条或者芽体，移接在另一株带根的植株上，使两者彼此愈合，共同生长在一起，这一方法称为嫁接。保留根系的、被接的植物称为砧木，接上去的枝条或芽体称为接穗。接合时，两个伤面的形成层互相靠拢紧贴，各自增生新细胞，形成愈伤组织，并分化出形成层，产生维管组织，将两者连接起来，成为一个整体。

嫁接后能否成活，取决于接穗和砧木的愈合情况，以及两植株之间的相互关系。一般说来，两植物之间的代谢类型越相近似，或两者之间的亲缘关系愈近，嫁接的成活率也愈大，反之愈小。

植物趣谈

繁衍之道——植物的生殖与繁衍

随着"心愿"走——植物栽培技术

◆花生组织培养室

众所周知，植物体从土壤中吸取营养物质。那么，如果植物体离开了土壤，是否还能生存？开花、传粉和受精是高等植物进行有性繁殖过程中不可或缺的三个重要阶段，有没有植物可以通过其他的繁殖过程形成与众不同的后代？人们是否可能按照人类的需要和意愿，选择性获取所需的植物品系呢？无籽果实又是怎么一回事情？诸多问题，让我们在下文中寻找答案。

植物趣谈

无土栽培技术

无土栽培就是不用土壤，用其他东西培养植物的方法，包括水培、雾（气）培、基质栽培。无土栽培中用人工配制的培养液，供给植物矿物营养的需要。为使植株得以竖立，可用石英砂、蛭石、泥炭、锯屑、塑料等作为支持介质，并可保持根系的通气。

◆无土栽培

"科学就在你身边"系列 · 135 ·

感悟绿色生命的律动

无土栽培的方法

无土栽培的方法很多，目前生产上常用有水培、雾（气）培、基质栽培。

水培：水培是指植物根系直接与营养液接触、不用基质的栽培方法。用此方法栽培植物，使植物直接从溶液中吸取营养，相应根系须根发达，主根明显比露地栽培退化。

历史财富——最早的水培

最早的水培是将植物根系浸入营养液中生长，这种方式会出现缺氧现象，影响根系呼吸，严重时造成根死亡。为了解决供氧问题，英国科学家库珀（Cooper）在1973年提出了营养液膜法的水培方式，它的原理是使一层很薄的营养液（0.5～1厘米）层，不断循环流经作物根系，既保证不断供给作物水分和养分，又不断供给根系新鲜氧。用该方法栽培作物，灌溉技术大大简化，不必每天计算作物需水量，营养元素均衡供给。根系与土壤隔离，可避免各种土传病害，也无需进行土壤消毒。

◆花卉陶粒基无土栽培

雾（气）培：又称气增或雾气培。它是将营养液压缩成气雾状而直接喷到作物的根系上，根系悬挂于容器的空间内部。一般每间隔2～3分钟喷雾几秒钟，营养液循环利用，同时保证作物根系有充足的氧气。但此方法设备费用太高，需要消耗大量电能，且不能停电，没有缓冲的余地，目前还只限于科学研究应用，未进行大面积生产。

基质栽培：是无土栽培中推广面积最大的一种方式。它是将作物的根

繁衍之道——植物的生殖与繁衍

系固定在有机或无机的基质中，通过滴灌或细流灌溉的方法，供给作物营养液。栽培基质可以装入塑料袋内，或铺于栽培沟或槽内。基质栽培的营养液是不循环的，称为开路系统，这可以避免病害通过营养液的循环而传播。

无土栽培技术前景

从历史上来看，农业文明的标志就是人类对作物生长发育的干预和控制程度。实践证明，对作物地下部分的控制（根系的控制），在常规土培条件下是很困难的。无土栽培技术的出现，使人类获得了包括无机营养条件在内的，对作物生长全部环境条件进行精密控制的能力，从而使得农业生产有可能彻底摆脱自然条件的制约，完全按照人的愿望，向着自动化、机械化和工厂化的生产方式发展。

从资源的角度看，耕地是一种极为宝贵的、不可再生的资源。无土栽培不但可使地球上许多荒漠变成绿洲，而且在不久的将来，海洋、太空也将成为新的开发利用领域。

水资源的问题，也是世界上日益严重的、威胁人类生存发展的大问题。不仅在干旱地区，就是在发达的人口稠密的大城市，水资源紧缺也越来越突出。而无土栽培避免了水分大量的渗漏和流失，使得难以再生的水资源得到补偿。它必将成为节水型农业、旱区农业的必由之路。

但是，无土栽培技术在走向实用化的进程中也存在不少问题。突出的问题是成本高、一次性投资大；同时还要求较高的管理水

◆黄瓜无土栽培

感悟绿色生命的律动

平，管理人员必须具备一定的科学知识，这也不是任何地方都能做到的。但随着科学技术的发展、提高，更重要的是这项新技术本身固有的种种优越性，已向人们显示了无限广阔的发展前景。

组织培养技术

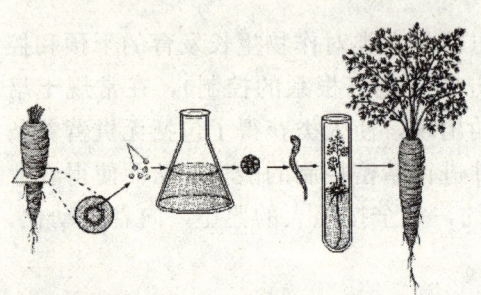

植物组织培养就是利用植物的全能性进行离体无菌植物培养的一门技术。植物组织培养按其原始意义，就是指愈伤组织培养。发展至今，其范围日益扩大，已包括植物和它的离体器官、组织、细胞和原生质体的离体无菌培养。目前已有1500多种植物可以用根、茎、叶或花的一部分组织进行培养获得完整植株。

◆组织培养

◆愈伤组织

植物组织培养是把植物的器官、组织以至单个细胞，应用无菌操作，使其在人工条件下能够继续生长，甚至分化发育成一完整植株的过程。植物的组织在培养条件下，原来已经分化并停止生长的细胞，又能重新分裂，形成没有组织结构的细胞团，即愈伤组织。这一过程称为"脱分化作用"，已经"脱分化"的愈伤组织，在一定条件下，又能重新分化形成输导系统以及根和芽等组织和器官。

链接：植物组织培养技术的基础——细胞全能性

植物细胞全能性是指植物的每个细胞都包含着该物种的全部遗传信息，从而

植物趣谈

繁衍之道——植物的生殖与繁衍

具备发育成完整植株的遗传能力。在适宜条件下，任何一个细胞都可以发育成一个新个体。植物细胞全能性是植物组织培养的理论基础。

一个植物体的全部细胞，都是从受精卵经过有丝分裂产生的。受精卵是一个特异性的细胞，它具有本种植物所有的全部遗传信息。因此，植物体内的每一个体细胞也都具有和受精卵完全一样的 DNA 序列和相同的细胞质环境。当这些细胞在植物体内的时候，由于受到所在器官和组织环境的束缚，仅仅表现一定的形态和局部的功能。可是它们的遗传潜力并没有丧失，全部遗传信息仍然被保持在 DNA 的序列之中，一旦脱离了原来器官组织的束缚，成为游离状态，在一定的营养条件和植物激素的诱导下，细胞的全能性就能表现出来。于是就像一个受精卵那样，由单个细胞形成愈伤组织然后成为胚状体，再进而长成一棵完整的植株。

点击——胡萝卜的组织培养

1958 年，美国科学家斯图尔德对胡萝卜韧皮部的一些细胞进行培养，促使细胞分化而最终发育成完整的新植株。

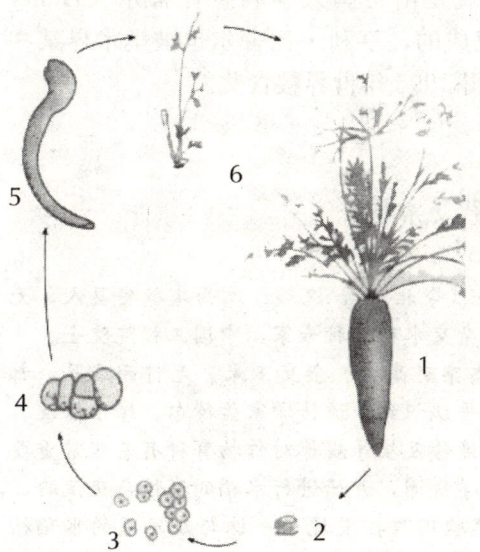
◆植物体细胞培养产生完整植物示意图

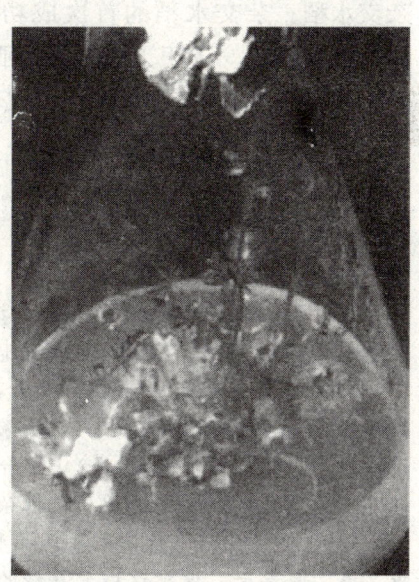
◆细胞培养形成的胡萝卜植株

植物趣谈

感悟绿色生命的律动

杂交育种

杂交育种是最为经典的育种方法。杂交育种是将两个或多个品种的优良性状通过交配集中在一起，再经过选择和培育，获得新品种的方法。杂交可以使双亲的基因重新组合，形成各种不同的类型，为选择提供丰富的材料。通过基因重组，可以将双亲控制不同性状的优良基因结合于一体，或将双亲中控制同一性状的不同基因积累起来，产生在该性状上超过亲本的类型。杂交创造的变异材料要进一步加以培育选择，才能选育出符合育种目标的新品种。

杂交水稻

水稻是重要的粮食作物，水稻养活着几乎全球的一半人口，也是我国近半数人口赖以生存的主粮。

选用两个在遗传上有一定差异，同时它们的优良性状又能互补的水稻品种，进行杂交，生产具有杂种优势的第一代杂交种，用于生产，这就是杂交水稻。杂交水稻的首次成功实现是由美国人亨利·比舍尔（Henry Beachell）在1963年于印度尼西亚完成的，亨利·比舍尔也被学术界某些人称为"杂交水稻之父"，并由此获得1996年世界粮食奖。

小故事——袁隆平和他的杂交水稻研究

袁隆平，1930年9月1日生于北平（今北京），汉族，江西省德安县人，无党派人士，现在居住在湖南长沙。中国杂交水稻育种专家，中国工程院院士。

1960年，袁隆平从一些学报上获悉杂交高粱、杂交玉米、无籽西瓜等，都已广泛应用于国内外生产中。这使袁隆平认识到：遗传学家孟德尔、摩尔根及其追随者们提出的基因分离、自由组合和连锁互换等规律对作物育种有着非常重要的意义。于是，袁隆平跳出了无性杂交学说圈，开始进行水稻的有性杂交试验。

1960年7月，他在早稻常规品种试验田里，发现了一株与众不同的水稻植株。第二年春天，他把这株变异株的种子播到试验田里，结果证明了上年发现的那个"鹤立鸡群"的稻株，是地地道道的"天然杂交稻"。他想：既然自然界客

繁衍之道——植物的生殖与繁衍

观存在着"天然杂交稻",只要我们能探索其中的规律与奥秘,就一定可以按照我们的要求,培育出人工杂交稻来,从而利用其杂交优势,提高水稻的产量。这样,袁隆平从实践及推理中突破了水稻为自花传粉植物而无杂种优势的传统观念的束缚。于是,袁隆平立即把精力转到培育人工杂交水稻这一崭新课题上来。

在1964年到1965年两年的水稻开花季节里,袁隆平和助手们每天头顶烈日,脚踩烂泥,低头弯腰,终于在稻田里找到了6株天然雄性不育的植株。从1964年发现"天然雄性不育株"算起,袁隆平和助手们整整花了6年时间,先后用1000多个品种,做了3000多个杂交组合,仍然没有培育出不育株率和不育度都达到100%的不育系来。袁隆平总结了6年来的经验教训,并根据自己观察到的不育现象,认识到必须跳出栽培稻的小圈子,重新选用亲本材料,提出利用"远缘的野生稻与栽培稻杂交"的新设想。

1973年10月,袁隆平发表了题为《利用野败选育三系的进展》的论文,正式宣告我国籼型杂交水稻"三系"配套成功。这是我国水稻育种的一个重大突破。紧接着,他和同事们又相继攻克了杂种"优势关"和"制种关",为水稻杂种优势利用铺平道路。

◆袁隆平

◆杂交水稻

1995年8月,袁隆平郑重宣布:我国历经9年的两系法杂交水稻研究已取得突破性进展,可以在生产上大面积推广。正如袁隆平在育种战略上所设想的,两系法杂交水稻确实表现出更好的增产效果,普遍比同期的三系杂交稻每公顷增产750~1500千克,且米质有了较大的提高。国家"863"计划已将培矮系列组合作为两系法杂交水稻先锋组合,加大力度在全国推广。

感悟绿色生命的律动

无籽西瓜

普通西瓜为 2 倍体植物，即体内有 2 组染色体（2N=22），用秋水仙素处理其幼苗，令 2 倍体西瓜植株细胞染色体成为 4 倍体（4N=44），这种 4 倍体西瓜能正常开花结果，种子能正常萌发成长。然后用 4 倍体西瓜植株做母本（开花时人工去除雄蕊）、2 倍体西瓜植株做父本

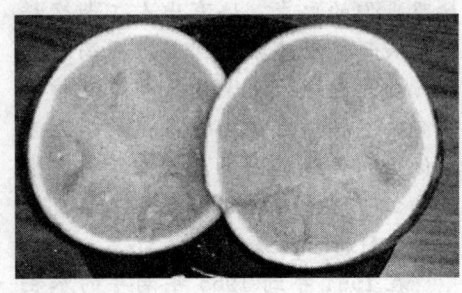

◆无籽西瓜

（取其花粉人工传粉至 4 倍体植株的雌蕊上）进行杂交，这样在 4 倍体西瓜的植株上就能结出 3 倍体的植株，在开花时，其雌蕊要用正常 2 倍体西瓜的花粉授粉，以刺激其子房发育成果实。由于胚珠不能发育为种子，而果实则正常发育，所以这种西瓜无籽！

植物趣谈

 想一想——没有生长素，无籽西瓜如何发育？

我们知道，果实是由子房发育而来的。子房在发育成为果实的过程中，需要一定量的生长素。一般来说，果实发育所需生长素是由胚珠发育形成的幼嫩种子提供的，3 倍体无籽西瓜是根据染色体变异的原理培育而来的。但是，无籽西瓜的发育仍然需要生长素，那么没有种子，生长素从何而来呢？

在 2 倍体西瓜的花粉中，除含有少量的生长素外，同样也含有使色氨酸转变成生长素的酶系。当 2 倍体花粉萌发时，形成的花粉管伸入到 4 倍体植株的子房内并将自身合成生长素的酶体系转移到其中，从而在子房内仍能合成大量的生长素，促使子房发育成无籽果实。

无籽西瓜是用种子种出来的，但这个种子不是无籽西瓜里的种子，而是自然的 2 倍体西瓜跟经过诱变产生的 4 倍体杂交后形成的 3 倍体西瓜里的种子。由于是 3 倍体，减数分裂联会时期会发生紊乱，所以它本身是没有繁殖能力的，所以也没有种子。

随机应变

——植物的生长和运动

通常人们认为植物是不运动的，在其自然环境中处于"被动挨打"的境地。然而，如果你悉心观察，就会发现植物也会对环境中的刺激作出反应，其生命活动也有着精准的调节：植物幼苗的顶端会向着光的方向弯曲，根会"寻求生命的依托"，向着水和肥料所在的方向进发；春华秋实，植物体也有类似于生物钟的节律性变化规律；图中由植物构成的"花钟"的奥秘何在？花钟准不准呢？

凡此种种，究竟是如何发生的？

随机应变——植物的生长和运动

植物也会"日出而作,日落而息"
——植物对外界环境的感知

人们经常用"日出而作,日落而息"来形容规律的作息,植物没有像高等动物那样复杂的感觉器官,它们能感知外界环境的节律性的变化吗?能感知四季更替吗?它们有没有自己的生活规律?是否就真的是"任人宰割"呢?

科学研究表明,植物中同样有对外界环境的感觉并且作出相应反应的例子。含羞草就是大家比较熟悉的典范。此外,其他植物如睡莲等,也会出现类似于睡眠运动与紧张性运动的现象。

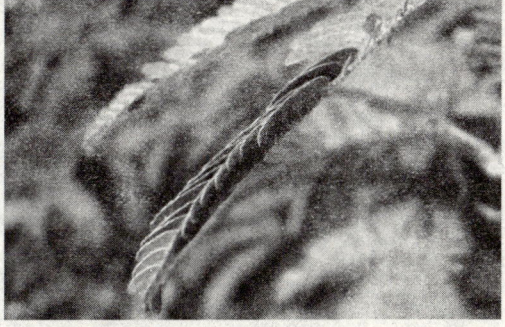
◆含羞草

植物趣谈

植物的"睡眠"

植物睡眠在植物生理学中被称为睡眠运动,它不仅是一种有趣的自然现象,而且是个科学之谜。每逢晴朗的夜晚,人们只要细心观察,就会发现一些植物已发生了奇妙的变化。

"科学就在你身边"系列

感悟绿色生命的律动

一些植物的"睡眠"现象

◆合欢

常见的合欢树，它的叶子由许多小羽片组合而成，在白天舒展而又平坦，一到夜幕降临，那无数小羽片就成双成对地折合关闭，好像被手碰过的"含羞草"。

有时，人们在野外还可以看到一种开紫色小花、长着3片小叶的红三叶草，白天有阳光时，每个叶柄上的叶子都舒展在空中，但到了

植物趣谈

◆红三叶草

◆秋葵（羊豆角）

傍晚，3片小叶就闭合起来，"垂着头"准备睡觉。花生也是一种"爱睡觉"的植物，它的叶子从傍晚开始，便慢慢地向上关闭，表示要睡觉了。以上所举实例仅是一些常见的例子，事实上，会睡觉的植物还有很多很多，如酢浆草、白屈菜、羊角豆（秋葵）等。

不仅植物的叶子有睡眠要求，就连娇柔艳丽的花朵也需要睡眠。生长在水面的睡莲花，每当旭日东升之时，它那美丽的花瓣就慢慢舒展开来，

随机应变——植物的生长和运动

◆睡莲

◆"半梦中"的睡莲

◆郁金香

似乎刚从梦境中苏醒,而当夕阳西下时,它又闭拢花瓣,重新进入睡眠状态。由于它这种"昼醒晚睡"的规律性特别明显,故而获得"睡莲"的芳名。

各种各样的花儿,睡眠的姿态也各不相同。蒲公英入睡时,所有的花瓣都向上竖起闭合,看上去像一个黄色的"鸡毛帚"。胡萝卜的花则垂下来,像正在打瞌睡的小老头。

郁金香花在温度从7℃上升到17℃时,其花瓣基部内侧生长比外侧快,花就开放;相反变化时,花就关闭。

植物"睡眠"的发生原因

植物"睡眠"的原因,在一些植物中是由于温度的变化引起的,在另一些植物中是由于光强度的变化引起的。例如,番红花或郁金香的开花是由温度变化引起的,如果把它们从冷处移入温暖的室内,过了3~5分钟后花就能开放。但有的植物如烟草、紫茉莉等则正好相反,即在光增强时,花就闭合,光变弱时,花就开放。菜豆叶的运动是由于光强度的变化引起的。

感悟绿色生命的律动

你知道吗

最早发现植物睡眠运动的人，是英国著名的生物学家达尔文。100多年前，他在研究植物生长行为的过程中，曾对69种植物的夜间活动进行了长期观察，发现一些积满露水的叶片，因为承受到水珠的重量而运动不便，往往比其他能自由运动的叶片容易受伤。后来他又用人为的方法把叶片固定住，也得到相类似的结果。达尔文虽然无法直接测量叶片的温度，但他断定，叶片睡眠运动对植物生长极有好处，也许主要是为了保护叶片抵御夜晚的寒冷。

达尔文的说法似乎有一定道理，但缺乏足够的证据，所以一直没有引起人们的重视。20世纪60年代，随着植物生理学的高速发展，科学家们开始深入研究植物的睡眠运动，并提出了不少理论上的解释。

植物睡眠运动的理论解释

◆达尔文

最初，解释植物睡眠运动的最广泛的理论是"月光理论"。提出这个论点的科学家认为，叶子的睡眠运动能使植物尽量少地遭受月光的侵害。因为过多的月光照射，可能干扰植物正常的光周期感官机制，损害植物对昼夜变化的适应。然而，使人们感到迷惑不解的是，为什么许多没有光周期现象的热带植物，同样也会出现睡眠运动，这一点用"月光理论"是无法解释的。

后来科学家又发现，有些植物的睡眠运动并不受温度和光强度的控制，而是由于叶柄基部中一些细胞的膨压变化引起的。如合欢树、酢浆草、红三叶草等，通过叶子在夜间的闭合，可以减少热量的散失和水分的蒸发，尤其是合欢树，叶子不仅仅在夜晚关闭睡眠，当遭遇大风大雨

随机应变——植物的生长和运动

时，也会逐渐合拢，以防柔嫩的叶片受到暴风雨的摧残。这种保护性的反应是对环境的一种适应。

科学家们提出一个又一个观点，但都未能有一个圆满的解释依据。正当科学家们感到困惑的时候，美国科学家恩瑞特在进行了一系列有趣的实验后提出了一个新的解释。他用一根灵敏的温度探测针在夜间测量多种植物叶片的温度，结果发现，呈水平方向（不进行睡眠运动）的叶子温度，总比垂直方向（进行睡眠运动）的叶子温度要低1℃左右。恩瑞特认为，正是这仅仅1℃的微小温度差异，已成为阻止或减缓叶子生长的重要因素。因此，在相同的环境中，能进行睡眠运动的植物生长速度较快，与其他不能进行睡眠运动的植物相比，它们具有更强的生存竞争能力。

万花筒——爱尔兰国花白花酢浆草

白花酢浆草是爱尔兰的国花，而且童军也以它做徽章。一般的酢浆草只有3片小叶，偶尔会出现突变的4片小叶个体，称为幸运草。传说如果有4片小叶的幸运草就能许愿使愿望成真，幸运草之所以特别，其实只是一种突变现象，所以幸运草纯粹只是突变而来的。

美国农业部证实，产生这种4叶现象的酢浆草其学名是 Trifolium repens L.，又称为白色酢浆草，是一种3叶的多年生草本植物，生长缓慢，但是大约每10000株当中，会有一株长出4片叶子。

◆爱尔兰国花白花酢浆草

知识窗——睡眠物质

科学家通过从植物提取的几千种化合物中萃取生理活性物质的分离实验，最终成功地分离出两种生理活性物质，并确定了它们的分子结构。一种是让植物叶

感悟绿色生命的律动

片闭合的"睡眠物质",另一种是让植物叶片张开的"觉醒物质"。植物的睡眠运动就是由这两种性质相反的物质控制的。由于事前谁也没有料到生理活性物质会是两个种类,为此在分离过程中不知不觉使它们之间相互否定,没能很快发现生理活性物质。后来开发了正确区分睡眠物质与觉醒物质的方法,才获得成功。这种分离法研究了10年之久,它从十几千克的物质中最终分离出的生理活性物质仅仅几毫克。

迄今为止,科学家已经从含羞草、决明属、叶下珠属、铁扫帚、合欢属5种豆科植物中各自成对地分离出了"睡眠物质"与"觉醒物质"。每种植物的这些活性物质对于其他植物完全不起作用。例如即使将合欢属的"睡眠"或"觉醒"物质以10万倍的浓度作用于含羞草,也完全没有效果。

这说明每种植物的生理活性物质都不一样。这一发现推翻了控制所有植物运动的生理活性物质都是相同的假说。

植物的感震运动

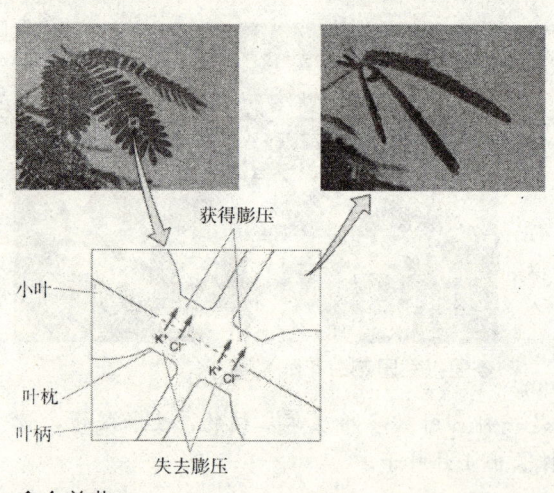

◆含羞草

高等植物不能像动物一样自由移动整体的位置,但是植物体器官在空间可以产生位置移动,就是植物的运动。在高等植物中,有些运动是由细胞紧张性改变引起的,如含羞草的小叶合拢,复叶柄下垂等,称为膨胀性运动。

含羞草的叶子如遇到触动,会立即合拢起来,触动的力量越大,合得越快,整个叶子都会垂下,像有气无力的样子,整个动作在几秒钟就完成。

含羞草的这种运动并没有神经系统支配,而是叶柄基部和小叶柄基部一些细胞的细胞膜的半透性发生霎时的变化,引致迅速膨压变化之故。大部分成熟的植物细胞都有一个很大的液泡。当液泡内充满水分时,就压迫周围的细胞质,使它紧紧贴向细胞壁,而给予细胞壁一种压力,使细胞膨

随机应变——植物的生长和运动

胀，像吹满了气的气球一样。液泡内所含的有机和无机物质的浓度高低，决定渗透压的高低，而渗透压的高低可以决定水分扩散的方向。当液泡浓度增高时，渗透压增加，水分由胞外向胞内扩散而进入液泡，增加细胞的膨压，使细胞鼓胀；反之，细胞则萎缩。这种过程只能造成缓慢的运动，例如气孔的开合。

叶柄和小叶柄基部都有一个较膨大的部分，称为"叶褥"。叶褥对刺激的反应很灵敏，在它的中心部分有许多薄壁细胞。这些细胞在静止时会将带负电荷的氯离子运向细胞内，而把氧离子向细胞外运送，使细胞膜和邻近地区保持一定电位差，称为静止电位。当外界刺激超过某一定限度时，这种差异通透性会突然改变，带正电荷的钙离子大量涌进细胞，而钾离子却向反方向进行，使膜内电位增高，甚至成为正电位，于是产生了动作电位，这种现象称为去极化。动作电位会传递，当细胞到达动作电位时，也就是产生去极化现象时，细胞膜的差异通透性会消失，使原来蓄存于液泡内之水分在瞬间排出，使细胞失去膨压，变得瘫软。故当刺激小叶柄基部的叶褥时，叶褥上半部薄壁细胞的膨压降低，而下半部薄壁细胞仍保持原来的膨压，引起小叶片沿着叶柄方向直立。而叶柄内的维管束，在叶褥合成一个大管道，以容纳叶褥排出的水分。

植物趣谈

万花筒——含羞草与地震预测

据土耳其地震学家艾尔江称，在强烈地震发生的几小时前，对外界触觉敏感的含羞草叶会突然萎缩，然后枯萎。在地震多发的日本，科学家研究发现，在正常情况下，含羞草的叶子白天张开，夜晚合闭。如果含羞草叶片出现白天合闭，夜晚张开的反常现象，便是发生地震的先兆。如：1938年1月11日上午7时，含羞草开始张开，但是到了10时，叶子突然全部合闭，果然在13日发生了强烈地震。1976年日本地震俱乐部的成员，曾多次观察到含羞草叶子出现反常的合闭现象，结果随后都发生了地震。

感悟绿色生命的律动

 小书屋——舞草

植物趣谈

◆舞草

　　我国西南部、福建与台湾等地，出产一种豆科的小灌木，名唤舞草，是植物界中名副其实的"舞蹈明星"。其三出羽状复叶能明显转动，仿佛在"翩翩起舞"。舞草中间的大叶片只能摇摆，侧生2片小叶的动作却美妙多姿，时而作360°旋转运动，时而上下摆动，时而2片小叶同时向上合拢，然后慢慢分开平展，时而一片向上，一片朝下。当同一植株的小叶同时起舞时，则此起彼伏，节奏分明，格外逗人。舞草的运动是光与温度的刺激造成细胞间断性收缩和舒张引起的。这有利于它防止阳光强烈照射，减少水分蒸腾和害虫侵害。

随机应变——植物的生长和运动

"恰到好处"的秘密
——植物的激素调节

众所周知,高等动物生长调节与神经系统和内分泌系统有关。如果人体中某种激素分泌异常,就会导致人体中相应的症状。那么,植物体是否也有对其生长发育进行调控的结构或者机制呢?研究发现,植物体内同样也有植物激素,这种激素调节着植物体的生长和发育。

植物激素是指一些在植物体内合成,并经常从产生之处运动到别处,对生长发育产生显著作用的微量有机物。目前大家公认的植物激素有五类:生长素类、赤霉素类、细胞分裂素类、乙烯和脱落酸,其中前三类都具有显著的促进植物生长的作用,植物激素的研究起源于生长素。

生长素

科学家在研究植物向光性的过程中发现了生长素,它也是最早发现的一种植物激素。生长素在高等植物中分布很广,根、茎、叶、花、果实和种子、胚芽鞘中都有。其在植物体中的含量甚微,一般植物每克鲜重仅含有10~100纳克生长素。

生长素在植物体中多集中在生长旺盛的部位,如胚芽鞘、芽和根尖的分生组织、形成层、受精后的子房、幼嫩的种子等,而在区域衰老的组织和器官中则非常少。此外,生长素在胚芽鞘和根顶端最多,距离顶端越远,含量越少。虽然植物体内的生长素含量非常少,但是其调节作用却十

感悟绿色生命的律动

分重要。

生长素具有极性运输的特性,即生长素只能从植物体的形态学上的上端向下端运输,而不能倒过来运输;同时,这样的生长素的极性运输可以逆浓度梯度进行。

生长素的作用

生长素具有十分广泛的生理作用,包括:促进细胞的生长、分裂和分化,促进侧根形成、果实发育、顶端优势,以及抑制花和果实脱落的作用。其中,促进细胞的生长,从而使茎生长是最基本的。然而,生长素促进生长的作用只有在合适的浓度范围内(一般是很低的浓度下)才能得以体现,如果超过合适浓度则会抑制生长,太高的浓度甚至会导致植物受害、死亡。这种现象称为生长素调节的双重性。此外,同一植株的不同器官对同一浓度生长素的反应也是不一样的。

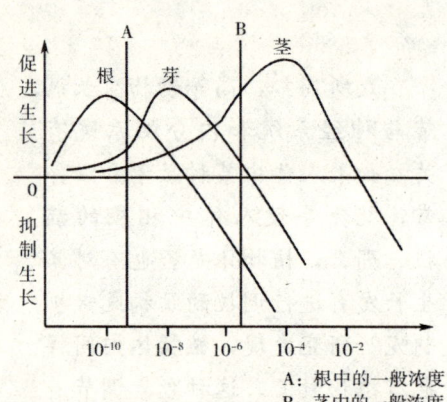

A:根中的一般浓度
B:茎中的一般浓度

◆生长素浓度 $c/mol \cdot L^{-1}$

想一想:松树、水杉等树木的株形常呈宝塔形,这是为什么?

◆松树

松树、水杉、棉花等植物整株常呈宝塔形,可能的原因是植物顶芽合成的生长素向下运输,大量积聚在侧芽部位。而且距离顶芽越近生长素浓度越高。生长素超过合适的浓度时,生长就受到了抑制。植物下部的侧芽由于距离顶芽较远,生长素浓度较低,则充分生长。这样的特性也有利于植物的各部分都能获取阳光,进行光合作用。

随机应变——植物的生长和运动

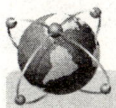
广角镜——顶端优势

在植物体中,顶芽优先生长,侧芽受到抑制的现象就是顶端优势。

左图为同一植物的不同生长状态。请仔细观察左右两幅图并思考:为什么这两幅图中的两个侧芽的生长状态这两幅不同呢?

◆顶端优势

植物趣谈

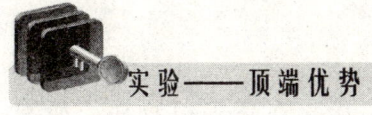
实验——顶端优势

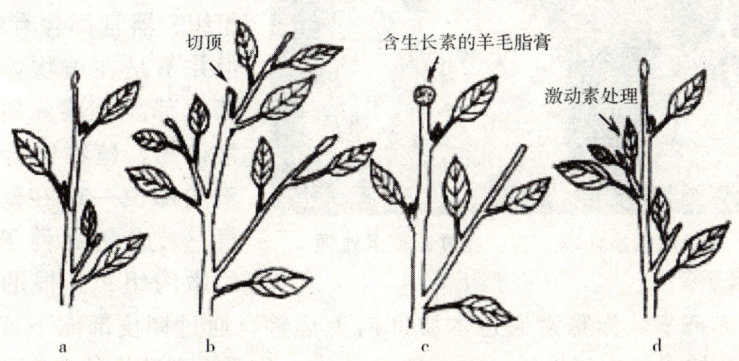

    a   b   c   d

a 顶端优势抑制了上面两侧芽的萌发,最下面一芽未受抑制　b 顶端切去后所有侧芽都萌发　c 顶端切去后,用含有生长素的羊毛膏代替,侧芽生长又被抑制(最下面一芽除外)　d 在第二侧芽苞上加激动素,可促使该芽萌发

◆顶端优势示意图

"科学就在你身边"系列

感悟绿色生命的律动

生长素能促进细胞生长

细胞质膜上有质子泵，生长素与质子泵结合，使之活化，质子泵就把细胞质中的质子分泌到细胞壁，使细胞壁环境酸化，于是对酸不稳定的化学键断裂，或可使适宜于酸性环境的水解酶活性增加，把固体形式的多糖转变为水溶性形式的糖，因此细胞壁纤维素结构间的交织点破裂，联系松弛，细胞壁的可塑性增加。这种学说称为酸—生长学说。

简而言之，即生长素使细胞壁疏松，增加可塑性，这样就可以增强细胞渗透吸水的能力，随着液泡的不断增大，细胞的体积也增大；另一方面生长素又促进蛋白质等物质的合成，增加原生质体，使原生质体的量随着细胞体积增大而增多。此学说可以部分解释生长素的作用机理。

赤霉素

植物趣谈

赤霉素的分布

左：未经赤霉素处理　右：经过赤霉素处理
◆赤霉素处理

在高等植物中，所有组织、器官都含有赤霉素，但并不是在植物体的所有部位都能合成赤霉素。通常认为，植物体合成赤霉素的部位一般在幼芽、幼根、未成熟的种子、胚等幼嫩的组织。根的伤流中也含有赤霉素。赤霉素通过木质部向上运输，通过韧皮部向下或双向运输，其运输是没有极性的。在成熟种子中，几乎没有活性的赤霉素，但是在发芽的种子里赤霉素含量却很多。

赤霉素的作用

赤霉素具有使细胞生长的作用，尤其是对矮生植物的生长效果特别明显。水稻恶苗病的病株的突出表现是茎秆过分生长，就是赤霉素促使茎秆

随机应变——植物的生长和运动

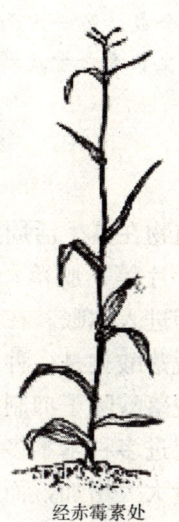

未处理的正常植物　　未处理的矮茎植物　　经赤霉素处理的正常植物　　经赤霉素处理的矮茎植物

◆赤霉素对不同植物的作用效果对比

生长的结果。此外，赤霉素也能诱导 α—淀粉酶的形成，控制多种植物的茎的生长，赤霉素对黄瓜花的雌雄分化也有一定的影响。

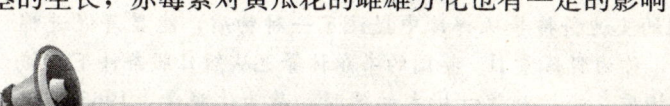

小知识——赤霉素的发现

1926年，日本的黑泽英一发现，当水稻感染了赤霉菌后，会出现植株疯长的现象，病株往往比正常植株高50％以上，而且结实率大大降低，因而称之为"恶苗病"。科学家将赤霉菌培养基的滤液喷施到健康水稻幼苗上，发现有些幼苗虽然没有感染赤霉菌，却出现了与恶苗病同样的症状。1938年，日本的薮田贞治郎和住木谕介从赤霉菌培养基的滤液中分离出这种活性物质，并鉴定了它的化学结构，命名为赤霉酸。

知识库——赤霉素和生长素之间的关系

赤霉素一方面促进从生长素的前体物质色氨酸到生长素的合成过程，加强生

感悟绿色生命的律动

长素的合成；另一方面又使生长素氧化酶的活性下降，抑制生长素的分解，植物体内的生长素含量就增加，促进细胞的生长。

脱落酸

植物在其生活周期中，如果生活条件不适宜，就会使部分器官（如果实、叶片等）脱落；或者到了生长季节终了，就会使叶子脱落，停止生长，即进入休眠。在这些过程中，植物体就产生另一类抑制生长的植物激素。脱落酸就是一种天然的抑制生长发育的植物激素。

脱落酸除了抑制植物细胞分裂和生长外，还具有其他的作用。例如：它能促进多种木本多年生植物和种子休眠；在缺水条件下，叶子中脱落酸的含量大大增加，而使气孔关闭，促进脱落。

历史故事

脱落酸的发现历程

1963 年，美国的艾迪科特等从棉铃中提纯了一种物质，能显著促进棉苗外植体叶柄脱落，称为脱落素Ⅱ。英国的韦尔林等也从短日照条件下的槭树叶片中提纯一种物质，能控制落叶树木的休眠，称为休眠素。1965 年证实，脱落素Ⅱ和休眠素为同一种物质，统一命名为脱落酸。

万花筒——植物的休眠与生长

脱落酸能促进植物和种子进入休眠状态，这种休眠是在秋季的短日照下发生的。现已证明：脱落酸是在短日照下形成，而赤霉素是在长日照下形成，而且也可以使芽生长。所以人们认为，植物的休眠和生长是由脱落酸和赤霉素这两种激素调节的。夏季日照长，产生赤霉素使植株继续生长，而冬季来临前日照短，产生脱落酸使芽进入休眠状态。

随机应变——植物的生长和运动

 你知道吗——脱落酸能使整株植物叶脱落吗?

将带第一对叶的棉花幼叶切下来,用注射器把含有脱落酸的琼脂注于叶柄切面上或者茎的切面上,经过一段时间后在叶柄上施加一定外力,就能促使脱叶。但是在完整植物的试验中,喷施脱落酸却不能促使叶子脱落,企图在棉花采收之前诱导棉脱落便于机械采收棉桃的试验未获成功。

这是因为在完整植物中,叶中的生长素和激动素都可以对脱落酸有抑制作用。只有在叶子衰老、果实成熟时,这些器官才大量积累脱落酸。

乙 烯

乙烯主要是一种促进器官成熟的物质。例如:一个成熟苹果所发散出来的乙烯,可引起整箱苹果成熟;青的香蕉和成熟的橘子放在一起,可促使香蕉很快成熟。

乙烯的发现

乙烯是一种气态激素。19世纪中叶,人们已发现泄漏的照明气能影响植物的生长发育。1901年,俄国学者尼留波夫证实照明气中乙烯的作用,发现植物对乙烯的"三重反应"。20世纪20~30年代,人们已查明乙烯对植物的广泛效应,并作为水果催熟剂。1934年,美国波依斯汤姆逊研究所克拉克等人提出乙烯是成熟激素的概念。50年代末,伯格等人把气相层析技术引入乙烯研究中,精确测定追踪组织中极微量的乙烯及其变化。60年代末,乙烯被公认为一种植物内源激素。

乙烯的分布和作用

乙烯广泛存在于植物体器官组织中,如花、叶、茎、根和种子,在正成熟的果实组织中更多。组织中的正常含量是非常小的,通常在0.01~10纳升/克·小时范围内。

有人在有关落叶的研究中提出:乙烯的作用方式在于它能促使RNA的合成。当然也不能因此说乙烯的所有作用,完全是通过调节RNA和蛋

感悟绿色生命的律动

白质的合成，才得以发挥。乙烯对细胞膜的透性也有影响。乙烯除了能促进果实成熟外，还和离层形成、性别分化等功能都有关。

小博士——香蕉的催熟

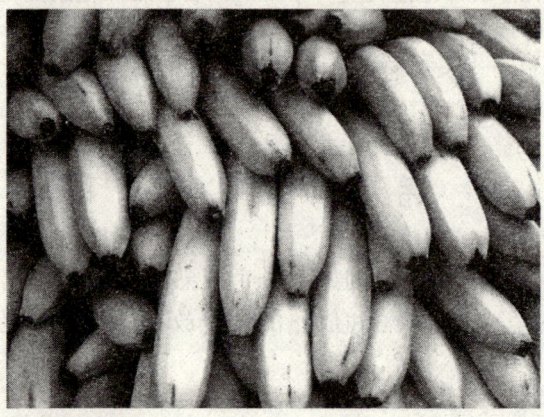

◆香蕉的催熟

香蕉属后熟型水果，虽然树上或采后可自然成熟，但时间长，成熟不一致，风味也较差，故一般采收后需人工催熟。

香蕉的催熟原理，是利用外加乙烯激素使香蕉后熟。后熟后的果实，淀粉含量由20%左右锐减为1%～3%，而可溶性糖则突增至18%～20%。果皮由绿转黄，肉质由硬转软，出现香味物质和一定的有机酸，果皮易与果肉分离，果实可食。

香蕉催熟的代谢过程主要是呼吸作用，催熟时香蕉果实出现呼吸高峰，呼吸强度很大，达100～150毫克二氧化碳/千克·小时，故影响果实呼吸作用的因素也影响香蕉的催熟。

除了上述激素外，生长抑制剂、矮壮素、除草剂等都属于植物激素，对植物的生长发育起到调节作用，其中一些人工合成制剂在农业生产中发挥着作用。

随机应变——植物的生长和运动

向阳光"致敬"——植物的向光性

◆植物的向光性现象

植物生长器官受单方向光照射而引起生长弯曲的现象称为向光性。对高等植物而言，向光性主要指植物地上部分茎叶的正向光性。植物的向光性以嫩茎尖、胚芽鞘和暗处生长的幼苗最为敏感。生长旺盛的向日葵、棉花等植物的茎端还能随太阳而转动。燕麦、小麦、玉米等禾本科植物的黄化苗以及豌豆、向日葵的上下胚轴，都常用作向光性的研究材料。

植
物
趣
谈

观察植物的向光性现象

 **动手做一做——观察绿豆幼苗的向光性**

1. 在有泥土的花盆里种植绿豆，给予充分的营养条件，让其发芽。
2. 发芽的绿豆长成幼苗。
3. 将幼苗放置于窗边，观察绿豆幼苗，尤其是顶端的生长情况。
4. 经常转动窗台上的花盆，观察绿豆幼苗的生长状况。
5. 思考：根据观察结果，你能否尝试总结植物幼苗顶端的生长有什么特点？

◆绿豆幼苗

感悟绿色生命的律动

◆绿豆幼苗的顶端向有光的方向弯曲

◆经常转动窗台上的绿豆幼苗

植物趣谈

知识库——植物的负向光性与横向向光性

植物生长器官受单方向光照射而引起生长弯曲的现象称为向光性。在高等植物中,向光性主要指植物地上部分茎叶的正向光性。

以前普遍认为根与向光性无关,但近年来以拟南芥为研究材料,发现根有负向光性。用透明容器(如玻璃缸)水培刚萌发的水稻等,并以单侧光照射根,也观察到根具有负向光性,即种子根向背光的一面倾斜生长(与水平面夹角约60°)。

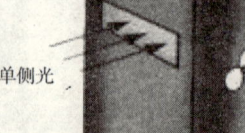

将纸盒放在光线充足的地方,保持侧面开口的朝向不变。

单侧光

随机应变——植物的生长和运动

横向向光性则是指器官与射来的光垂直的性能。

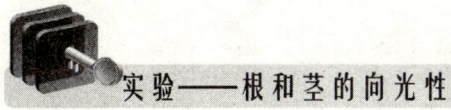

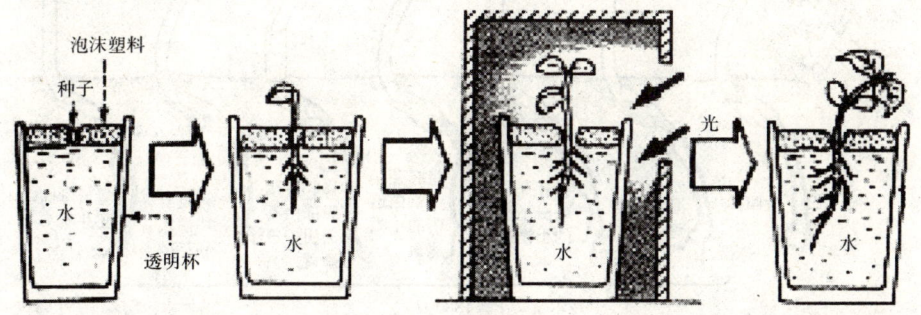

◆根和茎的向光性

在我们的日常生活中，向光性现象其实普遍存在，你能否设计实验观察验证植物的向光性？或者通过观察，举例说明植物的向光性现象呢？

1. 在泡沫塑料中央挖个洞，种上豆的种子。
2. 把箱子盖上，在一侧挖个洞，则茎向光的方向长，根则向相反的方向长。（实验结果如上图所示）

科学家对植物向光性的研究

1880年，达尔文父子在研究一种禾本科植物时发现：植物幼苗在单侧光照下会向光弯曲。他们分别用不透光和透光的小帽套在胚芽鞘顶端（单子叶植物种子萌发时包在胚芽外面形成锥形的套状体的结构即为胚芽鞘），观察到：套不透光的小帽的幼苗顶端不再弯曲，而套透明小帽或在胚芽鞘以下部位套不透光套筒的幼苗依然向光弯曲。

1913年，丹麦植物生理、生态学家博伊森·詹森也进行了实验研究：他将胚芽鞘横切，在中间插入一块可以让水和化学物质透过的凝胶，结果

感悟绿色生命的律动

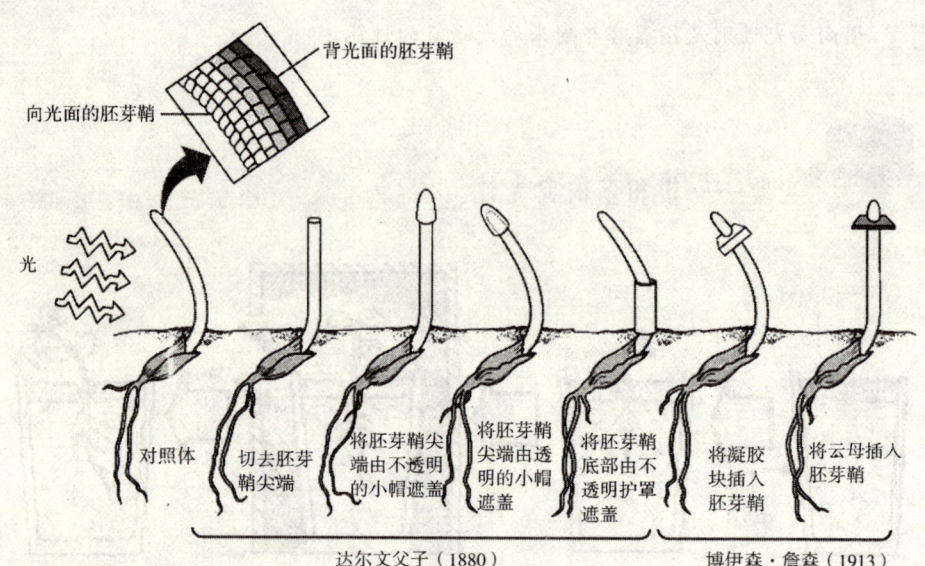

◆早期向光性实验

幼苗仍然向光弯曲；但是如果插入的是既不透水也不透化学物质的云母片，幼苗就不发生弯曲了。

根据实验结果，科学家形成了一种假说：胚芽鞘尖端的细胞受到光照后会产生某种物质，这种物质作为化学信号从尖端传递到下部，影响下部细胞的生长，导致向光一侧和背光一侧的细胞生长不均匀。

1926年，荷兰生物学家温特在前人研究的基础上，设计了实验继续研究植物的向光性。他先将照过光的胚芽鞘尖端切下，放在琼脂块上一段时间，然后让琼脂块代替胚芽鞘起作用（如下图所示）。然后将胚芽鞘切除后的幼苗都放在暗处，将其分成若干组，分别作如下处理：第一组为对照，不作任何处理；第二组在胚芽鞘切口上方放置进行过上述处理的琼脂块；第三组分别将琼脂块放在胚芽鞘切口的左侧或者右侧；第四组在胚芽鞘切口上放置没有处理过的琼脂块。

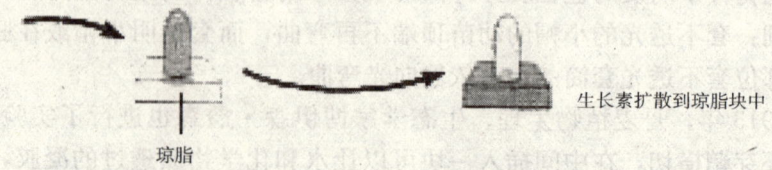

随机应变——植物的生长和运动

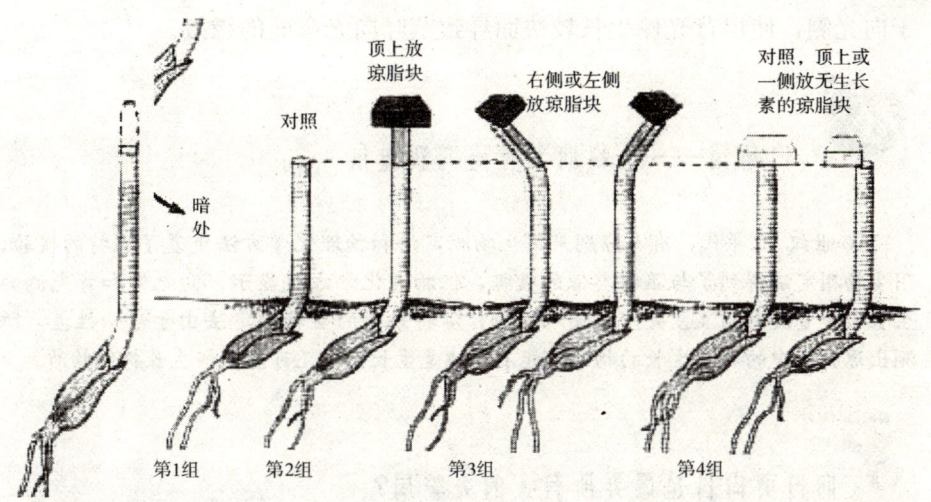

 想一想——早期向光性实验研究的结果说明了什么？

实验结果说明：胚芽鞘的尖端确实产生了某种物质，并能从尖端运输到下部。温特将这种能促进植物生长的物质命名为生长素。后来荷兰科学家郭葛等人从一些植物器官中分离出了这种物质，经鉴定，植物生长素是名为吲哚乙酸的小分子有机酸。

解析植物的向光性

传统的观点认为，植物的向光性反应是由于生长素浓度的差异分布而引起的。温特用生物测定法显示生长素活性的分布比率为向光面32%，背光面68%（相对比值为27：57）。这是乔罗尼-温特假说的主要依据。这个假说认为，植物向光性是由于光照下生长素自顶端向背光侧运输，背光侧的生长素浓度高

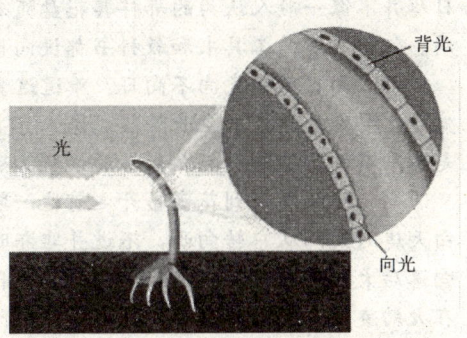

◆幼苗弯曲部位向光侧与背光侧细胞生长状况

感悟绿色生命的律动

于向光侧，使得背光侧生长较快而导致茎叶向光弯曲的缘故。

广角镜——植物向光性研究新进展

20世纪70年代，有人分别采用生物测定法和物理化学方法重复了温特的实验，用生物测定法得到了与温特类似的数据，但物理化学方法显示，向光侧和背光侧的生长素含量没有明显差异。这使人推测，温特采用的生物测定法由于专一性差，所测出琼脂块中的刺激生长的物质可能不单纯是生长素，还可能包括生长抑制物质。

向日葵向日是愚弄所有人的大骗局？

植物趣谈

◆向日葵

向日葵原产北美洲，1510年被西班牙殖民者带回欧洲，万历年间又由传教士传入中国。西方博物学家都注意到向日葵的向日性，明末清初的学者在记载向日葵时，也都特别提及其向日性，1688年出版的《花镜》说得更是详细。

法学教授刘大生于1998年撰写文章《关于向日葵的陈述及对话》，大意是说经过他自己专门的观察，发现向日葵并不像一般人认为的那样其花盘随着太阳转动，从逻辑上看向日葵不可能转动。但是所有的工具书和教科书都说向日葵是向日的，欺骗了全世界60亿人。

那么向日葵究竟向不向日？难道这真是一个几乎愚弄了所有人的大骗局？答案是：要看处于什么生长阶段。像工具书中那样笼统地说向日葵"常朝着太阳"，是不准确的，这是引起无数人的误解、疑惑和愤怒的原因。

向日葵从发芽到花盘盛开之前这一段时间，的确是向日的，其叶子和花盘在白天追随太阳从东转向西，不过并非即时地跟随，植物学家测量过，其花盘的指向落后太阳大约12度，即48分钟。太阳下山后，向日葵的花盘又慢慢往回摆，在大约凌晨3点时，又朝向东方等待太阳升起。但是，花盘一旦盛开后，就不再向日转动，而是固定朝向东方了。

随机应变——植物的生长和运动

向着"希望"走——根的生长特性

根是植物适应陆上生活在进化中逐渐形成的器官,它具有吸收、固着、输导、合成、储藏和繁殖等功能。我们将一株植物地下部分的总和称为根系,植物体通过根吸收土壤中的水和无机盐。植物体需要的物质,大部分都是由根从土壤中吸收的。那么,植物的根系在生长过程中有什么特性呢?让我们一起来了解一下吧。

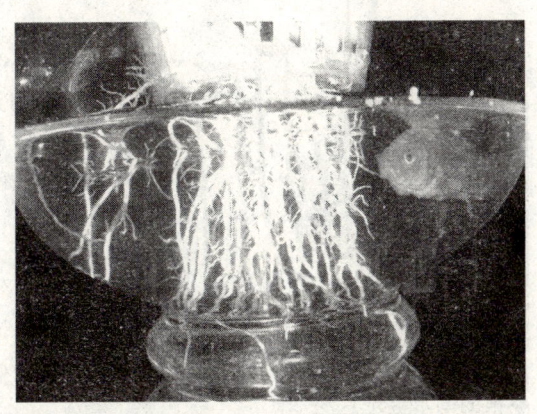
◆香水百合的根系

植物趣谈

根的向水性

◆植物的向水运动

根的向水性又称趋水性、趋湿性或向湿性。土壤中水分分布不均匀时,根趋向于潮湿地方的生长运动。蹲苗(通过暂停浇水等方式,适当限制土壤上层水分供应)能使苗株群群向纵深发展,以扩大根系吸收的水分和养料的面积,与根具有向水性有关。

"科学就在你身边"系列

感悟绿色生命的律动

实验——观察植物的向水性现象

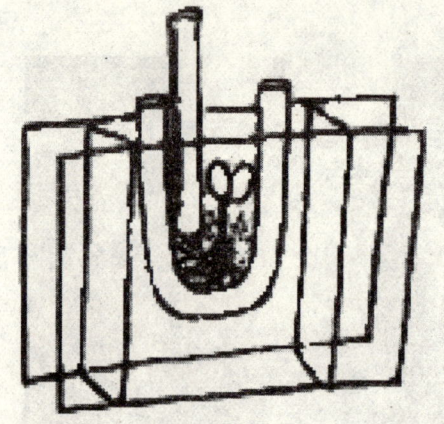

◆根的向水性示意图

实验步骤：

1. 将橡皮管弯成"U"字形，夹在两块玻璃中间，用细绳将两块玻璃扎紧，制成U形玻璃器。

2. 把沙倒入U形玻璃器中，贴壁种下玉米种子，在玻璃的外侧加盖上黑纸。

3. 在远离玉米种子的另一端埋入一个底部破碎的试管，经常往试管内注入少量清水。

4. 1～2周后，揭开黑纸，观察玉米幼根的生长方向。

拓展思考

右图中，泥土低洼处盛水。你认为植物的根系在生长中会呈现出什么特点？

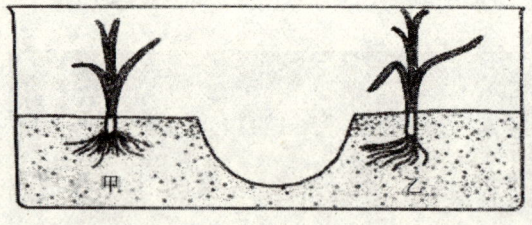

链接：根的反向向水性

当土壤水分过多，致使土壤通气情况不良时，常可看到根朝相反方向生长。这是因为高等植物的根对氧具有显著的正向性。在土壤缺氧条件下，向氧性（向随机应变——植物的生长和运动

化性的一种）引起了根生长方向的改变，结果使根系入土不深，有时甚至发生跷根，即部分根系生出地面。

根的向化性

向化性是指某些化学物质在植物周围分布不平均引起的。植物根部的生长方向就有向化现象，它们是朝向肥料较多的土壤生长的，以从土壤中吸收更多的营养物质。

◆植物的向肥运动

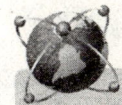
广角镜——深层施肥及其应用

在种植香蕉的时候，可以采用以肥引芽的方法，把肥料施在人们希望它长苗的空旷地方，以达到调整香蕉植株分布均匀的目的。水稻深层施肥的目的之一，就是深施肥料，使水稻的根向深处生长，分布广，吸收更多的养分。在真菌的生活里，向化性引导着菌丝向着营养物质生长。

此外，高等植物花粉管的生长也表现出向化性。花粉落到柱头上后，受到胚珠细胞分泌物的诱导，就能顺利地进入胚囊。

根的向地性

根的向地性现象

如果我们取任何一种幼苗，如蚕豆的幼苗，把它横放，数小时后就可以看到它的茎向上弯曲，而根向下弯曲。如果在根上用墨汁进行等距离标

感悟绿色生命的律动

记，就可以看到最大的弯曲度是在生长最快的部分，长成了的部分不怎么弯曲。可见，只有在正在生长的部位才能产生这种向地性运动。

茎朝着与重力相反的方向弯曲，称为负向地性；根朝着重力的方向弯曲，称为正向地性；地下茎则为水平方向生长，称为横向地性。

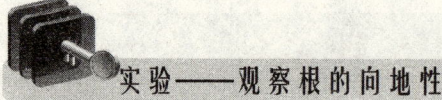

实验——观察根的向地性

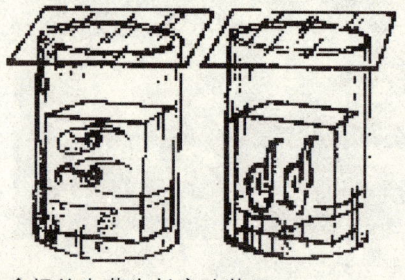

◆ 根的向茎生长实验装置

实验步骤：

1. 将蚕豆或其他豆类的种子浸在水里一昼夜。用大头针刺穿子叶，把种子固定在塑料泡沫上。

2. 玻璃杯里注入少量水，把塑料泡沫直立地放在玻璃杯里，用玻璃盖在玻璃杯上。玻璃杯放在温暖、黑暗的地方。

3. 种子在良好的环境中萌发了。等到幼根长到2厘米的时候，把塑料泡沫横放，让幼根保持水平的位置，观察幼根的生长方向。

4. 第二天，将塑料泡沫直放，让幼苗倒转来，并同样把它放在温暖、黑暗的地方，观察幼根的生长方向。

5. 观察实验结果并分析原因。

想一想——下列图中的现象说明了什么？

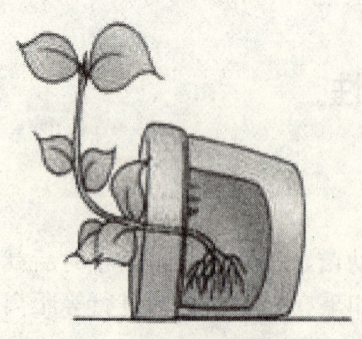
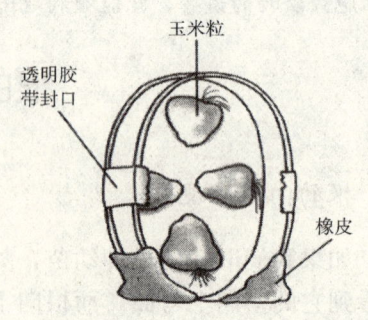

随机应变——植物的生长和运动

向地性发生原因

长期以来，人们以平衡石去解释向地性现象。平衡石原来是指甲壳类动物一种器官中管理平衡的砂粒。植物根冠中的特殊淀粉粒是重力感受体，起着平衡石的作用。胚芽鞘的尖端及茎内的内皮层中，也有这样的淀粉粒。在器官位置发生改变时，这些淀粉粒就移动到了重力方向的一边，对原生质体施加压力。这种压力作为刺激而被细胞接受。平衡石的作用也可能与产生生物电势有关。

也有研究指出：根冠中产生一些抑制物质，这些抑制物质由根冠向根尖以上的部位分布，可以抑制根的伸长。在地心引力的作用下，在横置的根的下半部分抑制物分配得多一些，可抑制下半部分的生长。以此，有人又认为根的向地性的形成是生长抑制物的作用。

 **原理介绍——根的向地性产生的原因**

接受重力刺激的部位是根、茎和胚芽鞘的尖端。当器官横放的时候，尖端组织中的生长素在向形态学的下端运动时，受到重力的影响而集中在这些器官的下边。这种现象的发生，可能是器官横放时，因重力的作用所产生的电势差，使器官上侧带负电荷，下侧带正电荷。由于吲哚乙酸向带正电荷一侧移动，集中在靠下的一侧。至于横放时，茎部和根部都是靠下一边集中较多的生长素。关于为什么茎是负向地性而根是正向地性，则可以用不同器官对生长素的敏感程度不同进行解释。

感悟绿色生命的律动

从"青涩"走向成熟
——果实和种子成熟时的变化

◆青苹果

人们常常用"青苹果"来形容尚未成熟的情感或是人生阶段,也常用"青涩"一词来形容未成熟的青苹果。那么为什么苹果未成熟就会有涩涩的感觉呢?

当植物受精后,受精卵发育成胚,胚珠发育成种子,子房壁发育成果皮,这就形成果实。种子和果实形成时,不只是形态上发生了很大的变化,在生理生化上也发生剧烈的变化。果实、种子长得好坏和植物下一代的生长发育有很重要的关系。

肉质果实成熟时的生理生化变化

肉质果实在生长过程中,不断累积有机物。当果实长到应有的大小时,果肉贮存了不少有机养料,但是不甜、不香、硬、酸、涩,还未成熟。在成熟过程中,要经过复杂的生理生化的变化,其色香味才会发生很大的变化。

果实变甜——未成熟的果实中贮存有很多淀粉,由于淀粉本身是没有甜味的,所以早期果实无甜味。到成熟后期,呼吸强度增加后,淀粉转变为可溶性糖。糖分就积累在果皮细胞的液泡里,淀粉含量会越来越减少,

随机应变——植物的生长和运动

还原性糖、蔗糖等可溶性糖含量迅速增多，使果实变甜。

酸味减少——未成熟的果实中，在果肉细胞的液泡中积累很多有机酸，如橘桔中有柠檬酸、苹果中有苹果酸、葡萄中有酒石酸等，所以会有酸味。在成熟过程中，多数果实有机酸含量下降，因为有些有机酸转变为

◆各种果实

糖，另一些则由于呼吸作用氧化成为二氧化碳和水，还有些被钾、钙等离子中和。因此，成熟果实中的酸味下降，甜味增加。

涩味消失——没有成熟的柿子、李子等果实有涩味，这是由于细胞液中含有一种称为单宁的物质。果实成熟过程中，单宁被过氧化物酶氧化成无涩味的过氧化物，或者凝结成为不溶于水的胶状物质，涩味随之消失。

香味产生——果实成熟时，会产生一些具有香味的物质，这些物质主要是酯类，包括脂肪族和芳香族的酯。如香蕉的特殊香味是乙酸戊酯，橘子中的香味是柠檬醛。

由硬变软——果实成熟过程中由硬变软，与果肉细胞壁中层的果胶质变成可溶性的果胶有关。实验研究表明：随着果实的变软，果肉的可溶性果胶的含量也相应增加。中层的果胶质变成果胶后，果肉细胞即相互分离，果实也相应变软。此外，果肉细胞中的淀粉消失，也是果实变软的一个重要原因。

色泽变艳——果实成熟过程中，渐渐开始显示自己的"本色"，这是由于成熟时，果皮中的叶绿素被逐渐破坏丧失绿色，而叶绿体中原有的类胡萝卜素仍然较多存在，呈现出黄色，或者由于花色素而显现出红色。光会直接影响花色素的合成，所以果实的向阳部分总是鲜艳一些。

果实成熟过程中的激素变化——在果实成熟过程中，生长素、赤霉素、细胞分裂素、脱落酸和乙烯五类植物激素都是有规律地参加到代谢反应中的。经过对苹果、柑橘等果实激素的动态测定，专家认为在开花与幼

植物趣谈

感悟绿色生命的律动

果生长时期,生长素、赤霉素、细胞分裂素的含量增高。在苹果果实成熟时,乙烯含量到达最高峰,而柑橘、葡萄成熟时,则脱落酸含量最高。

想一想——肉质果实成熟过程所需营养物质来自哪里?

肉质果实在其生长过程中,不断积累有机物。这些有机物大部分是从营养器官运送来的,但是也有一部分是果实本身制造的。幼果的果皮往往含有叶绿素,可以进行光合作用制造养料提供给自己。

链接:细菌的培养方法

有呼吸峰的果实都含复杂的贮藏物质,在摘果后达到完全可食状态前,将发生储藏物质的强烈的水解作用。从果实成熟的过程看,具有呼吸峰的果实,如香蕉、苹果的成熟过程比较迅速,而柑橘等无呼吸峰的果实成熟过程就会比较缓慢。

从摘下的苹果成熟过程呼吸速率的研究中发现:成熟果实的呼吸首先是降低,然后强烈升高,最后呼吸速率有下降。其中呼吸强烈升高的过程称为呼吸峰。许多肉质果实成熟时期都有呼吸峰的出现,柑橘、柠檬和菠萝不出现呼吸峰,在果实成熟过程中,它们的呼吸速率是下降的。

研究还指出:在果实呼吸峰正在进行或正要开始前,果实内乙烯的含量有着明显的升高。因此人们认为果实之所以发生呼吸峰,是由于果实中产生乙烯的缘故。乙烯可以增加果皮细胞的透性,加强内部的氧化过程,促进果实的呼吸作用,加速果实成熟。

许多肉质果实呼吸峰的出现,标志着果实成熟达到可食程度的时刻,有人将出现呼吸峰期间果实内部的变化称为果实的后熟作用。在实践中,可调节呼吸峰的来临,推迟或提早果实成熟。

随机应变——植物的生长和运动

小贴士——反季节水果，少吃为妙！

反季节水果原本是指在温室里利用高科技手段栽培出来的品种。反季节水果并不是靠使用激素才生长的，主要是通过大棚设施、提高室温等手段改变生长环境，从而让植物的成熟季节提前。为了便于水果的贮藏和运输，果农把接近成熟的水果提前采摘下来，销售前再用乙烯将它们催熟。

水果在自然成熟的过程中，香蕉、柿子、苹果、猕猴桃一类的呼吸跃变型水果本身就会释放出少量的乙烯来使果实成熟，但如果是用人工催熟的方法，所使用的乙烯必须是微量的，如果使用大量的乙烯把未熟的青果催熟，食用后不但对人体没有任何益处，反而会对人体产生有害影响。

由于使用催熟剂的水果可以提前上市提升价格，因此导致市面上催熟的反季节水果不断增多。

根据上述果实成熟过程中的变化，你能结合日常生活，思考一下：我们平时在购买水果的时候应该如何挑选新鲜的水果呢？根据尝试的结果，判断你制定的标准是否需要完善。

种子成熟时的生理生化变化

种子的成熟过程，实质上就是胚从小到长大，以及营养物质在种子中变化和积累的过程。种子成熟期间的物质变化，大体上和种子萌发时的变化相反，植株营养器官的养料，以可溶性物质运往种子，在种子中逐渐转化为不溶性的大分子化合物，例如由葡萄糖转化为淀粉、氨基酸转化为蛋

植物趣谈

感悟绿色生命的律动

白质等等。

种子成熟先是生理成熟，后是形态成熟。生理成熟是指种子营养物质贮藏到一定程度，种胚形成，种实具有发芽能力。生理成熟的种子含水量高，营养物质处于易溶状态；形态成熟是指种实外部形态完全呈现出成熟特征，完成子胚发育过程，结束了营养物质的积累，含水量降低，营养物质转化为难溶的脂肪、蛋白质和淀粉，种子重量不再增加或增加很少，呼吸作用微弱，种皮致密、坚实，抗逆性强。

在有机物合成过程中，需要供给能量。因此有机物积累，即干重增加和种子的呼吸速率有着密切的联系。干物质累积迅速时，呼吸作用也旺盛，种子接近成熟时，呼吸作用就逐渐降低。

研究发现，在种子成熟过程中，种子中的内源激素也不断发生变化：小麦抽穗到受精之前，赤霉素有一个小的峰，然后下降；受精后籽粒开始生长时，赤霉素的浓度迅速增加，受精后3周达到最大值，然后减少。胚珠内含有少量生长素，受精时稍增加，然后减少；当籽粒生长时再增加，收获前一周鲜重达到最大值之前，达到最高峰，籽粒成熟时，生长素消失。这些变化表明：小麦成熟过程中，植物激素最高含量的顺序出现，可能与它们的作用有关。赤霉素和生长素，可能调节有机物向籽粒的运输和积累。此外，籽粒成熟期脱落酸大量增加，可能与籽粒的休眠有关。

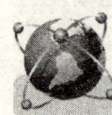

广角镜——种子的休眠及其原因

多数种子成熟后，如果得到适宜的环境条件，就可以发芽，然而有些种子即使在环境条件适宜的情况下，仍然不发芽。这种成熟种子在适宜的萌发条件下仍不萌发的现象，就称为休眠。

导致种子休眠的原因多种多样，如：种皮限制——豆科有些植物种皮不能透水或者透水性差，种皮不透气而导致外界氧气不能透进种子，种皮太硬导致胚不能突破种皮；种子为完成后熟——在休眠期内种子内部发生的生理生化变化，在此过程中种子内的淀粉、蛋白质、脂肪等有机物的合成作用加强，呼吸减弱，酸度降低，种皮透性加大，呼吸增强，有机物开始水解；胚未完全发育——虽然果实和种子已经脱离母体，但是胚的发育尚未完成；抑制物质的存在——如梣白蜡树由于种子和果皮中含有脱落酸，导致种子休眠。

随机应变——植物的生长和运动

想一想——种子休眠对植物体而言有什么重要意义？

种子休眠对于植物本身来说，是一种有益的生物学特性，或者说是种子抵抗不良条件的一种适应性，这种适应性是植物在长期进化过程中自然选择的结果。

一般而言，在温暖多湿的热带地区，气候条件比较温和，种子具有易发芽的特性，其休眠期短或没有休眠期。因为在这样的地区时常都有种子发芽和幼苗生长的环境条件。而在冷热交替的北方地区，气候条件多变，种子要经过一些时间的休眠才能萌发，主要是在秋季形成种子后到翌年春季发芽，从而避免了冬天严寒的伤害。这是植物长期进化的一种自我保护的方式。

轶闻趣事——顽强的古莲子

1918年初夏，孙中山先生把辽东半岛普兰店出土的四粒古莲子带到日本，日本古生物学家大贺一郎用植物生理学方法推算出，这些古莲子的寿命已在千年以上。经大贺一郎苦心培育，古莲子终于生根发芽，开出了美丽的花朵。20世纪50年代初期，大贺在日本千叶县检见川的泥炭层下，

◆古莲子

发掘出两千多年前的古莲种子，经过他精心培育，种子也发芽生长，开花结实。

植物种子的寿命是长短不一的。一般来说，能够保持15年以上生命力的，已经算是长寿的种子了。除了古莲子以外，世界上寿命最长的种子也没有超过200年的。那么，古莲子的寿命为什么会这样长，以至于可以千年不死呢？

其奥秘就在于莲子果皮有五层结构严密的组织，最外为表皮层，有充满分泌物的气孔室和保卫细胞。第二层为含纤维素的栅栏组织。第三层为厚壁组织。第四层为薄壁组织。最内为内表皮层，细胞内含贮藏物。这五道防线，不让空气和水分自由出入，微生物也不能轻易钻进。在此特殊装置里，莲子的生命活动仍在微弱进行，而莲子所含抗坏血酸和谷胱甘肽等化合物，比其他植物高若干倍。这

植物趣谈

感悟绿色生命的律动

类化合物都是种子长寿和保持萌发力的重要物质。因此，莲子被埋在温度低、湿度小、少微生物干扰的泥炭土中安睡上千年后，仍能萌发新芽。

　　研究古莲子长寿的秘密，有很高的理论价值和实用价值。比如，模拟古莲子外壳的结构来设计粮仓，用以保存粮食和其他农作物，一定会显示出巨大的优越性来。

植物趣谈

随机应变——植物的生长和运动

植物也有"生物钟"
——植物生长的周期性变化

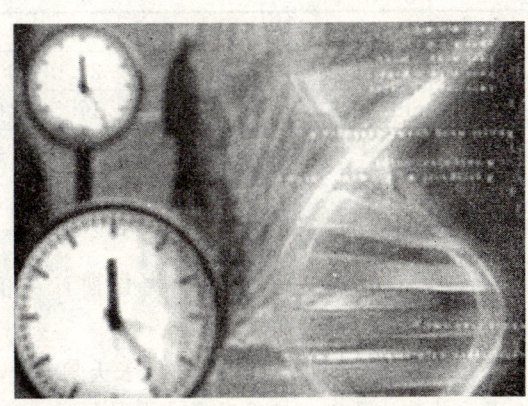
◆生物钟示意

能够在生命体内控制时间、空间发生发展的质和量叫生物钟。生物钟有点像开汽车：人什么时候上车，开车到哪里，踩多久的油门，到达后的一脚刹车。无论是哪种生命过程，都是生物钟在起关键作用。先看看生命过程，当人饿了时，生物钟就会提醒你："该吃了"，吃到一定程度，它又会提醒你："可以了"。

那么在植物体中，是否也有这样的生物钟存在呢？其实，在植物中也有类似的例子。南非有一种大叶树，它的叶子每隔两小时就翻动一次，因此当地居民称其为"活树钟"；南美洲的阿根廷，有一种野花能报时，每到初夏晚上8点左右便纷纷开放，被称为"花钟"。让我们一起来认识一下植物的这些周期性变化。

植物生长大周期

在个别器官或整株植物的整个生长过程中，生长速率都表现出"慢—快—慢"的基本规律，即开始生长缓慢，以后逐渐加快，达到最高点，然后生长速率又减慢以至最后停止。通常将生长的这三个大阶段总合起来称为生长大周期。

感悟绿色生命的律动

 **实验记录**

在蚕豆的根尖上,以墨汁绘制等距离的横线,以后逐日测定这部分的生长情况,结果如下:

蚕豆根长度每日的变化

日数	0	1	2	3	4	5	6	7	8
总长度(mm)	1	2.8	6.5	24.0	40.5	57.5	72.0	80.0	80.0
增长度(mm)	—	1.8	3.7	17.5	16.5	17.0	14.5	8.0	0

植物趣谈

 **讲解——植物生长大周期产生的原因**

植物整株一生的生长,也有生长大周期。初期生长缓慢,是因为植株幼小,合成干物质的量少。以后因产生大量绿叶,进行光合作用,制造了大量有机物质,干重急剧增加,生长加快。此后生长转慢,是因为植物的衰老,光合速率减慢,有机物合成量少,植物干重的增加即减慢,同时,还有呼吸的消耗,最后干重将不会增加,甚至还会减少。

 **链接:外界条件对植物生长的影响**

只有在各种环境条件合理地结合起来时,植物才能很好生长。温度、水分和光对于植物的生长具有重要意义。

温度对植物生长具有最低温度、最适温度和最高温度三个基点。所谓生长的最适温度,是指使生长最快的温度,这个温度对于植物健壮生长来说,不一定是最适宜的。因为生长最快的时候,物质较多用于生长,消耗太快,没有在较低温度下生物那么结实。在生产实践上培育健壮的植株,常常要求在比生长的最适温度(生理最适温度)略低的温度,即"协调的最适温度"下进行。

光对植物生长的影响有间接影响和直接影响。其中,间接影响主要是影响叶

随机应变——植物的生长和运动

片的光合作用，其产生的有机物是植物生长的物质基础。光对植物生长的直接影响主要表现在其对生长起着抑制作用，这种影响是很显著的。光对生长素的破坏、植物组织的分化均有影响。

都说"水是生命的源泉"。对于植物体而言，细胞分裂和生长都必须在水分充足的情况下进行。试验研究表明：植物体内水分亏缺的时候，水分是从器官的长成部分流向分生组织的细胞的，因此相比较而言，细胞的伸长生长比细胞分裂更容易受到缺水的影响。

生长的昼夜周期性

活跃生长着的植物器官，在生长速率上常常表现出生长的昼夜周期性，即器官的生长速率是按照昼夜发生着有规律的变化的。影响植物昼夜生长的因素，主要有温度、植物体内水分状况和光照强度。

在一天的进程中，由于昼夜的光照强度和温度高低不同，体内的含水量也不相同，因此就使植物的生长表现出昼夜周期性。例如茎的伸长、叶片扩大和果实的增大等都有这种特性。至于植物在白天长得快，还是晚上长得快，要具体分析，这取决于诸因素中最低因素的限制。

讲解——生长昼夜周期性常见

植物生长速率有两种表示方法，一是以干物质积累量为指标，二是以株高或体积为指标。如果以干物质积累量为指标，白天的生长速率大于夜间；如果以株高、鲜重或体积为指标，生长速率随昼夜交替常常呈现三种变化：在水分充足的条件下，白天光照充足，温度适合，生长速率大于夜间；白天光照过强，温度较高时，蒸腾过于强烈，失水多，体内出现水分亏缺，生长受到抑制，这时白天生长速率小于夜间；当白天与夜间温度相近时，白天和夜间的生长速率相近。

以玉米为例：在不缺水的情况下，生长速率和温度的关系最密切，植株在暖昼生长得比寒夜快。日光对生长的作用，主要是通过提高空气的温度和蒸腾速

◆玉米

感悟绿色生命的律动

率来影响植株的生长。中午，适当的水分缺乏降低了生长速率。因此，一天中玉米的生长速率呈现两个高峰。但在水分不足的情况下，白天蒸腾量大，光照又抑制植物的生长，所以生长会较慢，而黑夜较快。

昼夜的周期性变化在很大程度上取决于环境条件的周期性变动。

生长的季节周期性

植物生长随季节变化而呈现的有规律变化，就是植物生长的季节周期性。由于地球公转，引起日照长度和气温的季节性变化，而日照长度和气温又影响植物的生长，使植物的生长呈现有规律的变化。

植物生长的季节周期性是植物在长期历史发展中，对于相对稳定的季节变化的主动适应。例如一年生作物的春播、夏长、秋收与冬藏，又如多年生树木的春季芽萌动、夏季旺盛生长、秋季生长逐渐停止与冬季休眠。周而复始，年复一年。它主要受四季的温度、水分、日照等因素的影响而通过内因来控制。春天开始，日照延长、气温回升，组织含水量增加，各种生理代谢活动大大加强，一年生作物的种子或多年生木本植物的芽萌动并开始生长。到了夏天，光照和温度进一步延长和升高，其水分供应也往往比较充足，于是植物旺盛生长，并在营养生长的基础上开始孕育生殖器官。秋天来临，日照明显缩短，气温开始下降，落叶、落果，一年生植物的种子成熟后开始休眠，营养体死亡，多年生木本植物的芽开始休眠。植物的代谢活动随着冬季的来临降低到很低水平，并且休眠逐渐加深。

知识库——温带木本植物秋季的休眠

木本植物秋季的休眠，实际上就是生长的暂时停止。在休眠以前，植株已经开始做好一切生理准备和形态准备。在温带，日照长度的逐渐缩短，使得这些植物预感到冬天的来临。感受光周期的，通常是成熟的叶。一旦光周期降低到少于某一个长度，叶的新陈代谢就将产生一系列的剧烈变化。

在秋季落叶以前，叶中的营养物质已经转移到茎、根和芽中贮藏起来。以后，随着休眠的加深，枝条和越冬芽中的淀粉转变为糖和脂肪，组织含水量减少，细胞质的胶体性质发生改变，植物代谢强度大大降低，很多植物在冬季的呼

随机应变——植物的生长和运动

◆针叶树

吸速率已经达到仅为生长期中正常呼吸的二百分之一。随着季节进入秋季，日照缩短，叶子内产生了脱落酸。脱落酸是造成植株落叶和形成冬芽的植物激素。

树木进入休眠状态，也像种子一样，是对不利环境条件适应的结果，是植物的一种重要的适应特性。植株休眠深度不同，对不利的环境条件的抵抗力也不同。如针叶树在冬季可以耐受－30℃至－40℃的严寒，而在夏季，如果处于人为的－8℃的环境中，就会冻死。

植物的生物钟

在西双版纳热带植物园里，你随处可见一种黄色小花，每到开花季节，每天早晨太阳升起时，大约9点钟左右，花朵就绽放，下午太阳落山时，大约6点钟左右。花朵就闭合，每朵小花每天都是这样，大约要持续一星期左右才凋谢。这种美丽的黄色小花，就是时钟花科的草本植物时钟花。它来自遥远的南美洲。时钟花有多个品种，常见的有黄色时钟花和白色时钟花。时钟花为什么会按时开放？因为它具有生物钟，生物钟是长期进化过程中，适应环境变化而形成的，也是基因控制的遗传性状。

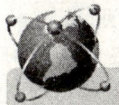 **广角镜——林奈花钟**

林奈是瑞典一位著名的植物学家。林奈在植物研究中观察到一些植物花的开闭具有波动性。他把46种具有波动习性的植物分为三组：一组是大气花，它们的开放和闭合随大气条件而变化；一组是热带花，它们随光照的长短而变化；还有一组花是定时开放与闭合，不受昼夜长短的影响。林奈

◆林奈花钟

感悟绿色生命的律动

将三组花栽培在花盆里,然后按开花的早晚顺序摆在自己的书桌上,成为富有自然情趣的"花钟"。林奈花钟的开放时间顺序如下:

时间		时间		时间		时间		时间	
2:00	蛇床花	6:00	龙葵花	12:00	鹅肠菜	18:00	烟草花	21:00	昙花
4:00	牵牛花	7:00	芍药花	15:00	紫茉莉	19:00	丝瓜花		
5:00	野蔷薇	10:00	半枝莲	17:00	万寿菊	20:00	夜来香		

"花钟"虽然很有趣,但是"报告"时间可能有误差。因为植物开花除了有一定的时间外,还受到地区、温差和气候等条件的影响。同一种花,在我国南方开得早一些,而在北方就会迟一些。

 **万花筒——世界上各种各样的"钟"**

植物趣谈

树钟——马来西亚有一种叫"新宝"的树,每天凌晨3点时开花,第二天下午4点落瓣,从不误时。南非有一种大树,它的叶子每隔两小时就翻动一次,因此当地居民称其为"活树钟"。

鸟钟——南美洲的危地马拉,有一种鸟每隔半小时就发出悦耳的叫声,每次误差不超过15秒,就像一架活时钟。这种鸟娇小玲珑,当地人叫它啼纳鸟,从未有人伤害它。

雨钟——印度尼西亚爪哇岛上的土隆加贡地区,每天下午3点和下午5点30分都会准时降一场雨,正巧,这就是当地小学生下午上学和放学时间。

虫钟——非洲热带密林中有一种爬虫,当地人称"12时虫"。它每隔1小时变换一次身体的颜色,有时淡色,有时金黄,有时草绿……人们利用这种虫身上的颜色变化来确定时间,这种虫便成为有趣的"虫钟"。

泉钟——内格罗源泊有一股喷泉,每天早晨7点、中午12点、晚上7点准时喷射3次。

驴钟——我国黄海湾里有一小岛上的驴能报时,它每隔1小时就嗷嗷地叫一次,误差只有3分钟。

如影随形

——植物与人类

你是否考虑过，如果自然界没有植物的存在，人类的生活将会变成什么样子？

自古以来，植物就已经融入了人类的生活中，在空气净化、食物提供等方面为我们作出了重要的贡献。或许你无法想象，有些植物还能引领着采矿者找到丰富的矿藏。

那么，人类在接受大自然的馈赠的同时，是如何回馈的呢？人类的活动对植物产生了哪些影响呢？

如影随形——植物与人类

用绿色点缀我们的生活
——绿化面面观

都说"绿色"孕育着希望，代表着生命。在地球环境污染日益严重的今天，绿色植物在我们生活中和环境保护中的作用和意义更加得到了凸显。绿荫下、草坪上，沐浴着阳光，我们享受着惬意的生活，也为我们的健康生活营造了良好的环境。

◆绿地休闲生活

植物趣谈

园林绿化

借助一定的地域运用工程技术和艺术手段，通过改造地形（或者筑山、叠石、理水）、种植树木花草、营造建筑和布置园路等途径创作而成的美的自然环境和游憩境域，就称为园林。园林包括庭园、宅园、小游园、花园、公园、植物园、动物园等，随着园林学科的发展，还包括森林公园、风景名胜区、自然保护区或国家公园的游览区以及休养胜地。

现在，园林不仅仅作为游憩之用，同时还具有保护和改善环境的功能。众所周知，植物可以吸收二氧化碳，放出氧气，净化空气；能

◆九寨沟

感悟绿色生命的律动

够在一定程度上吸收有害气体和吸附尘埃，减轻污染；可以调节空气的温度、湿度，改善小气候；还有减弱噪声和防风、防火等防护作用。更重要的是园林在人们的心理上和精神上有着积极的作用。游憩在景色优美和安静的园林中，有助于消除长时间工作带来的紧张和疲乏，使脑力、体力得到恢复。园林中的文化、游乐、体育、科普教育等活动，更可以丰富知识和充实精神生活。

◆缆车上所见的泰山植被

从开发方式上说，园林可分为两大类：一类是利用原有自然风致，修整开发，开辟路径，布置园林建筑，不费很大的人力、物力，就可形成的自然园林。湖南大庸县的张家界、四川松潘县的九寨沟，具有优美风景的大范围自然区域，略加建设、开发，即可利用，称为自然风景区；泰山、黄山、武夷山等，开发历史悠久，有文物古迹、神话传说、宗教艺术等内容的，称为风景名胜区。另一类是人工园林，即在一定的地域范围内，为改善生态、美化环境、满足人们游憩和文化生活需要而创造的环境，如小游园、花园、公园等。

植物趣谈

万花筒——拙政园

◆拙政园

拙政园，是中国一座著名的园林，位于苏州，始建于明朝正德年间。它是江南园林的代表，也是苏州园林中面积最大的古典山水园林，被誉为"中国园林之母"，中国四大名园之一，全国重点文物保护单位，国家5A级旅游景区，全国特殊旅游参观点，1997年被联合国教科文组织（UNESCO）列为世界文化遗产。今

如影随形——植物与人类

拙政园辖地面积约83.5亩，其中开放面积约73亩。73亩开放面积中，仅38亩为晚清建筑园林遗产（今园林中部、西部及晚清张之万住宅就是今苏州园林博物馆旧馆）。

防护林

防护林是为了保持水土、防风固沙、涵养水源、调节气候、减少污染所经营的天然林和人工林（林是指林木的内部结构特征）。是以防御自然灾害、维护基础设施、保护生产、改善环境和维持生态平衡等为主要目的的森林群落。它是中国林种分类中的一个主要林种。

◆张北的防护林

◆宁夏水土保持防护网状的防护林

链接：沙尘暴

沙尘暴是沙暴和尘暴两者的总称，是指强风把地面大量沙尘物质吹起并卷入空中，使空气特别混浊，水平能见度小于100米的严重风沙天气现象。其中沙暴系指大风把大量沙粒吹入近地层所形成的挟沙风暴；尘暴则是大风把大量尘埃及其他细粒物质卷入高空所形成的风暴。

沙尘暴天气主要发生在春末夏初季节，这是由于冬春季干旱区降水甚少，地表异常干燥松散，抗风蚀能力很弱，在有大风刮过时，就会将大量沙尘卷入空中，形成沙尘暴天气。

感悟绿色生命的律动

◆北京沙尘暴

◆北京沙尘暴

经统计，20世纪60年代特大沙尘暴在我国发生过8次，70年代发生过13次，80年代发生过14次，而90年代至今已发生过20多次，并且波及的范围愈来愈广，造成的损失愈来愈重。

植物趣谈

小资料：四道防线阻击沙尘暴

第一，在北京北部的京津周边地区建立以植树造林为主的生态屏障；

第二，在内蒙古浑善达克中西部地区建起以退耕还林为中心的生态恢复保护带；

第三，在河套和黄沙地区建起以黄灌带和毛乌素沙地为中心的鄂尔多斯生态屏障；

第四，尽快与蒙古国建立长期合作防治沙尘暴的计划框架，设置到蒙古国的保护屏障。

垂直绿化

垂直绿化也称为立体绿化，就是为了充分利用空间，在墙壁、阳台、窗台、屋顶、棚架等处栽种攀缘植物，以增加绿化覆盖率，改善居住环境。垂直绿化在克服城市家庭

◆屋顶绿化

如影随形——植物与人类

绿化面积不足、改善不良环境等方面有独特的作用。

垂直绿化不仅能够弥补平地绿化之不足,丰富绿化层次,而且可以增加城市及园林建筑的艺术效果。

空中绿化及立体种植物对有害气体的吸收

空中绿化由花草与乔化、矮化树木组成,矮化石榴树对空中的二氧化硫、氯气、乙烯、一氧化碳、甲醛、二氧化氮、铅有很强的吸收能力。菊花对苯、二氧化硫、三氯乙烯等有害气体有净化作用,尤其对苯的吸收能力强。爬山虎对二氧化碳有抗性,同时有减尘、调温、降噪音功能。月季花耐寒、耐旱、易成活,花开时间长,生长速度快,同时有助于菊花、爬山虎吸收有害气体,自身有调节有害气体分化作用;驱蚊草有抑制蚊虫作用。

植物立体种植在空中填补了空间绿色,加大空间绿色净化力度。也是我们人与自然和谐,城市与自然结合的开始。花开了,城市到处有花香;草变绿了,城市回归自然,空气质量进一步提高。周围环境改变了,市民心情也在变。春天花意浓浓,夏天清爽芬芬,秋天无蚊伤害,冬天遮挡风沙。空中有了绿化,住在高层的居民呼吸着清新的空气,闻着沁人心脾的花香,身心健康,国民体质大幅度提高。

◆南京长江大桥引桥一景:杜鹃盛开,爬山虎给桥墩穿上一层绿衣

城市绿地

城市绿地是指用来栽植树木花草和布置配套设施,基本上由绿色植物所覆盖,并赋以一定功能与用途的场地。

感悟绿色生命的律动

◆上海城市绿地

绿地和绿树好比城市之"肺",它可以吸收大量二氧化碳,放出氧气,同时能阻挡飞扬的灰尘,吸收各种有害的气体,从而起到过滤、净化空气的作用。绿地植物光合作用的同时,使空气中负离子的数目得到相应提高,虽然不可能达到海滨、瀑布和喷泉那样的程度,但是物以稀为贵,哪怕每立方厘米空气

植物趣谈

◆城市绿地

中增加几十个负离子,对城市居民防病健身、延年益寿也是十分有益的。

一块块绿地好比镶嵌在城市里的一颗颗绿色"翡翠",绿地为城市居民提供大自然的生活环境,长期生活在绿色幽静环境里的人,心情舒畅、疲劳消除、高血压、神经衰弱、心脏病等或许也会不治而愈。

如影随形——植物与人类

拓展思考——绿化单一树种影响空气质量

当前,我们国家在绿化方面取得了一定的成果,但据有关报道称:有的外国专家就中国绿化问题提出了质疑,中国绿化的树种(包括草类)过于单一。各类树草对空气的调节和净化作用是不同的,也就是说各类植物对空气中的相关物质的吸收程度和所转化排放出的气体物质成分是不同的,只有物种的齐全,才能保证大气的原始质量或是接近原始质量,或是达到人类以至动植物所必需的标准。否则,空气中的成分失调,得不到应达到的平衡,对环境也是不利的。据了解,现在绿化树草种的选择普遍集中在根系发达、耐旱、耐风、易于成活的树种,这就造成了"单一"问题。

朋友,就您所了解、掌握的情况来看,绿化应该选择什么样的树草,来丰富绿化植被的种类呢?

植物趣谈

感悟绿色生命的律动

大自然的"风向标"
——指示植物

植物趣谈

◆牵牛花

你知道化学指示剂吗？石蕊试剂、酚酞试剂的颜色会随着它所遇到的溶液的酸碱性的变化而发生相应变化。我们也可根据这些指示剂显现的颜色了解溶液的酸性、碱性的强弱程度。那么，你是否知道，在大自然中，有些植物也具有这样的指示功能，我们同样可以从植物世界中找到"蛛丝马迹"，来了解大自然的一些信息，甚至秘密。接下来，让我们一起来了解"指示植物"的秘密。

所谓指示植物，就是一定区域范围内能指示生长环境或某些环境条件的植物种、属或群落。例如：牵牛花早晨为蓝色，到了下午就变为红色了。这是因为牵牛花中含有花青素，这种色素在碱性溶液中为蓝色，在酸性溶液中为红色。随着一天从早晨到晚上空气中二氧化碳含量的增加，牵牛花对二氧化碳吸收量也逐渐加大，花中的酸性不断提高，从而造成花色由蓝变红。因此，牵牛花即是对空气中二氧化碳浓度的指示植物。

土壤指示植物

所谓土壤指示植物，就是用植被来鉴别土壤性质的植物。如：铁芒萁

如影随形——植物与人类

为酸性土的指示植物；柏木为石灰性土壤的指示植物；多种碱蓬是强盐渍化土壤的指示植物；荩草是富氮土壤的指示植物；那杜草是黏重土壤的指示植物。

链接：一些土壤的性质

酸性土——pH值小于7的土壤总称。包括砖红壤、赤红壤、红壤、黄壤和燥红土等土类。我国热带、亚热带地区，广泛分布着各种红色或黄色土壤的酸性土壤。

石灰性土壤——又称碱性土壤，是土壤剖面中含有碳酸钙或碳酸氢钙等石灰性物质的土壤的总称。在我国多分布于北部和西北部半湿润、半干旱和干旱地区。

强盐渍化——土壤盐渍化发生在干旱、半干旱区。由于漫灌和只灌不排，导致地下水位上升或土壤底层或地下水的盐分随毛管水上升到地表，水分蒸发后，使盐分积累在表层土壤中，当土壤含盐量太高（超过0.3％）时，形成的盐碱灾害。

讲解——认识一些土壤指示植物

铁芒萁指示酸性土壤环境，也称芒萁骨、芒萁、小里白，蕨类植物，芒萁草属蕨类杂草，适合生长在pH值4.5～5.0左右的酸性土壤上，适合种植该种植物的土壤一般增施熟石灰改良土壤。常见于我国长江以南湿润地区，低至中海拔山地的路边开阔处或松树林下。全草有清热利尿、祛瘀止血之功效。叶轴可编织菜篮及其他日用品。芒萁具有水土保持及改良土壤的功效，也是火灾后可以急速复原的植物。

碱蓬俗称"狼尾巴条"，常称为"海英菜"、"碱蒿"、"盐蒿"，一年生草本，茎直立，圆柱形，高达30～100厘米，是吉林西部碱蓬属最高大的植物。

碱蓬性喜盐湿，要求土壤有较好的水分条件，但由于茎叶肉质，叶内贮有大量的水分，故能忍受暂时的干旱。种子的休眠期很短，遇上适宜的条件便能迅速发芽出苗生长。大多数的种子在夏季雨后迅速发芽出苗。在碱湖周围和在盐碱斑上多为星散或群集生长，可形成纯群落，也是其他盐生植物群落的伴生物种。

感悟绿色生命的律动

◆铁芒萁

◆碱蓬

植物趣谈

气候指示植物

有的植物能指示气候环境。如桃金娘、岗松、油柑子能指示华南湿润的南亚热带气候环境，乌饭树、油茶能指示华中湿润的亚热带气候环境，而兴安落叶松、越橘则能指示东北湿润寒冷的温带气候环境等。又如，椰子树的开花是热带气候的标志。

◆乌饭树

◆兴安落叶松

如影随形——植物与人类

兴安落叶，是寒湿性针叶林的建群植物，或与白桦、黑桦、丛桦、山杨、樟子松、蒙古栎、偃松成混交林，分布于我国黑龙江，东西伯利亚和远东也有。其木材纹理直，结构细密，有树脂，耐久用，可供建筑、枕木、矿柱、电杆、桩木、桥梁、车辆及家具等用材。树皮可提取栲胶，树干可采割松脂。

轶闻趣事——罕见！海南椰子在顺德开花结果

椰子树在亚热带开花结果是很平常的事，然而在顺德种下的椰子树开花又结果却真是罕见。记者在刘先生家中就有幸见到了这么一棵开花又结果的椰子树。

容桂幸福社区的热心读者报料告诉记者，他家种的椰子树结果了！记者立刻前往探个究竟。刘先生家的这棵椰子树是1992年种下的，"当时椰子发芽了就把它种在院子里，本来有2棵的，其中一棵没长成。"

◆海南椰子在顺德开花结果

记者的采访吸引了附近邻居的好奇，一个邻居甚至把椰子树刚开花时的照片拿给了记者。

据主人介绍，椰子是当年从海南带回来的，因为发芽就种下了。去年椰子树就开始开花结果了，当时没怎么重视。今年椰子树开花时吸引了容桂电视站的记者拍摄，这棵椰子树成了附近一带的"明星"。据介绍，今年这棵椰子树开出了6支花，其中2支如今已经结成了果。果实有拳头大小，剥开后里面有椰子水，除了果实较小外跟海南的椰子没什么分别。已经有13年树龄的椰子树长得甚为高大，记者搬来梯子才能把果子的全貌拍了下来。

据专业人士分析，椰子树在亚热带气候下容易结果，在顺德的气候环境也能结果确实比较少见。

感悟绿色生命的律动

矿物指示植物

你相信吗？指示植物还可以帮助人们找矿藏。

我国长江沿岸生长着一种名叫"海州香薷"的植物，凡是这种植物生长特别茂盛的地方，附近就可能找到铜矿，因此人们叫它"铜草"。我国安徽铜陵，在海州香薷大量生长的地方发现了铜矿；大洋洲最大的铜矿也是在铜草茂盛生长的地方发现的。挪威有一种石竹科植物，也可以帮助人们找到铜矿。

又如，异极草、林堇菜聚集生长的地方可能有闪锌矿；铃形花聚集生长的地方可能有磷灰石矿；针茅大量生长的地方可能有镍矿；喇叭花大量生长的地方可能有铀矿；七瓣莲大量生长的地方可能有锡矿；鸡脚蘑、凤眼兰生长的地方可能有金矿。

此外，美国有一种豆科植物，可以预报方铅矿的存在；瑞典和德国有一种十字花科植物，可以帮助人们找到锌矿。

植物趣谈

 你知道吗？

海州香薷的花呈蓝色或蔚蓝色。科学家研究证明，这种植物花朵的颜色是铜矿给染上去的。因为海州香薷的根扎入有铜矿的土层中，将铜离子吸收到体内，当形成铜的化合物时便显现出蓝色，所以就把花朵染成了蓝色。

 轻松一刻

某些植物是人们找矿的"活广告"。在欧洲的波西米亚，人们曾经依靠七瓣莲发现了锡矿。在美国，人们通过一种开红色花朵的紫云英和一种名曰"疯草"的植物发现了铀矿和硒矿。科学家研究还表明：深紫色的石竹或紫宛指示锰矿；天蓝色的八仙花和蔷薇分别指示铁矿和铜矿；矮态的猪毛菜指示硼矿；硕大态的节节木指示煤矿……这些都是由于植物吸收了地下矿藏免费供给的"养分"，引

如影随形——植物与人类

起了植物本身形状和颜色的改变，进而成为了人们不可多得的找矿标志。

环境污染指示植物

科学家通过测定发现，指示植物对大气污染的反应很灵敏。例如，当二氧化硫的浓度在百万分之0.3时，一些敏感植物就会出现受害症状；而浓度在百万分之1至万分之5时，人才能闻得出气味。又如，氟的浓度在百万分之0.005时，菖兰即会出现症状；浓度在百万分之8时，才开始对人体有害。因此，当我们从指示植物那里得到污染"报警"后，应引起足够的重视，并要立即采取防治措施。

苔藓植物密集生长，植株之间的缝隙能够涵蓄水分。所以，成片苔藓植物对林地、山野的水土保持具有一定的作用。苔藓植物的叶大多只有一层细胞，二氧化硫等有毒气体可以从背、腹两面侵入叶细胞，所以，苔藓植物对二氧化硫等有毒气体十分敏感，在污染严重的城市和工厂附近很难生存。人们利用这个特点，把苔藓植物当作监测空气污染程度的指示

植物趣谈

◆唐菖蒲

◆雪松

感悟绿色生命的律动

植物。

利用指示植物，可以监测环境的污染情况。比如，在绿化树种中，树姿优美、常年碧绿的雪松，对二氧化硫和氟化氢很敏感，若空气中有这两种气体存在时，其叶片就会出现枯黄现象，也就是给人们报警空气受到了污染，所以人们称它为"报警器"。目前环保科学工作者已经找到了不少敏感植物，作为测量大气污染的指示植物。例如，用紫花苜蓿、菠菜、胡萝卜等可监测二氧化硫污染；用唐菖蒲、大叶黄杨、郁金香等可监测氟的污染；用玉米、洋葱、苹果树等可监测氯的污染。

 **历 史 财 富**

> 有的植物是勘探队员找水的标志。在一望无际的大草原上，如果大家能发现拂子茅、矾松或骆驼草、柽柳长在一起，就能判断这里一定有丰富的地下水。人们经过多年观察还发现，菘兰、草木樨和沙席草逐水而居，芦苇和芨芨草是在地下水位接近地面的地方生长。这些植物的分布和生长状况，也表明了当地地下水的多寡环境。

植物趣谈

如影随形——植物与人类

从"九死还魂草"说起
——药用植物

说到药用植物，想必大家并不陌生，或多或少都能举出些例子吧，人参、桔梗等都是大家熟知的。在前文提到蕨类植物的时候，提及过"九死还魂草"——卷柏，可你是否知道，它其实也是一种珍贵的药用植物呢。罂粟和曼陀罗，常常和毒品联系在一起，但是也不能抹杀其药用价值。

药用植物，在医学上用于防病、治病，其植株的全部或一部分供药用或作为制药工业的原料。我国对于药用植物研究的历史源远流长，《本草纲目》收载的药用植物就有大约1200多种，《齐民要术》已记述了地黄、红花、吴茱萸等20余种药用植物的栽培方法。

九死还魂草——卷柏

卷柏是一味消炎止血药，常用来治咳血、吐血、便血、脱肛、月经过多、子宫出血、闭经、风湿痛、跌打损伤、外伤出血、感冒、血崩等疾病。用卷柏干粉敷在婴儿脐肚上消炎止血，效果很好。卷柏有美容作用。用卷柏干粉和鸡蛋清调和敷于面部，可使面部光洁秀丽。卷柏内服，有强阴益精的作用，也是外伤止血的神奇中草药。卷柏是原始的风景植物，既可观赏又可药用，是难觅的神仙草药，浸泡后栽培成活率100%。

◆卷柏

感悟绿色生命的律动

 一个美丽的传说

传说昆仑山上有一个金光闪闪的天池,那是王母娘娘洗澡的地方。天池岸上生长着一种仙草,这种仙草能起死回生。有一年民间大旱,瘟疫流行,成千上万的百姓死亡。住在天池中的龙女看到人间遭受灾难,十分同情,把天池岸上的仙草偷偷带到人间为百姓治病,普救众生,成千上万死去的百姓竟然起死回生。龙王知道此事,大发雷霆,一怒之下、把龙女打下人间。龙女到人间后,心甘情愿变成还魂草,普救众生。还魂草生命力强,晾干后放入水中又生长,故名还魂草。

植物趣谈

 点击:卷柏的"九死还魂"

◆ "卷"柏

越来越多的有识之士已经认识到了:"水是生命的源泉"。各种植物体内都有含量不等的水。水生植物的含水量最高,可达98%;木本植物的含水量要少一些,也有40%~50%;含水量很少的是生活在沙漠地区的植物,只有16%。如果低于这个百分比,这些植物细胞中的原生质就会遭受破坏而死去。

九死还魂草是一种多年生的草本蕨类植物。它高约5~15厘米,主茎直立,顶端丛生着小枝,成扇状分布,显浅绿色。它具有极强的抗旱本领,当天气特别干旱的时候,它的枝叶就像人的拳手一样卷起来,缩成一团,植物体变得枯萎焦干,仿佛已经死去。其实这是种"假死",一旦得到水分,它就拼命地喝水,蜷缩的枝叶又平展开来,生机渐露,"还魂"过来了。就这样,卷柏可能三番五次地死而复生,为此还有人叫它为长命草、长生不死草、万岁草的。

如影随形——植物与人类

轶闻趣事——卷柏标本 11 年后"还魂"

卷柏确实有顽强的抗旱能力。日本有位生物学家曾发现，用卷柏做成的植物标本，在时隔 11 年之后，把它浸在水里，它居然"还魂"复活，恢复生机了。

美洲的卷柏更加奇特，它们能在干旱时缩成圆球，随风滚动，遇到有水的地方，就伸展开始生长，缺水时又开始旅行了，所以又被称作"旅行植物"。

人 参

人参，多年生草本植物，由于根部肥大，形若纺锤，常有分叉，全貌颇似人的头、手、足和四肢，故而称为人参。古代人参也被雅称为黄精、地精、神草。它还是濒危物种，为第三纪孑遗植物。人参喜阴凉、湿润的气候，多生长于昼夜温差小的海拔 500～1100 米山地缓坡或斜坡地的针阔混交林或杂木林中。人参被人们称为"百草之王"，是闻名遐迩的"东北三宝"（人参、貂皮、鹿茸）之一，是驰名中外、老幼皆知的名贵药材。

由于过度采挖，资源枯竭，人参赖以生存的森林生态环境遭到严重破坏，因此山西五加科"上党参"早已灭绝。目前，东北的野生人参也极为罕见。人参已列为国家珍稀濒危保护植物，长白山等自然保护区已进行保护。其他分布区也应加强保护，严禁采挖，使人参资源逐渐恢复和增加。东北三省已广泛栽培，近来河北、山西、陕西、湖北、广西、

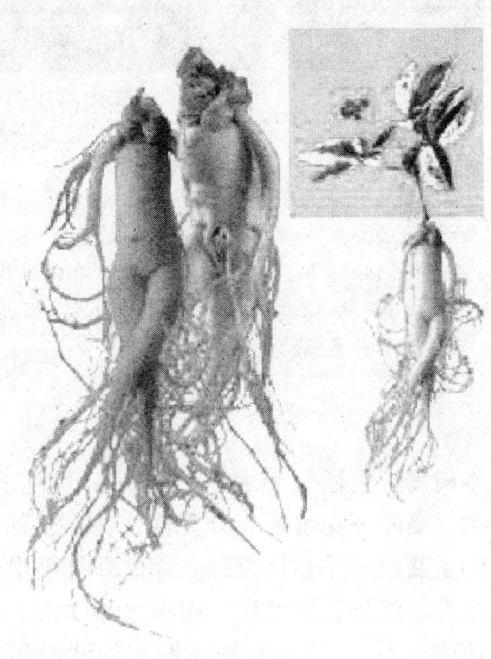
◆人参

植物趣谈

"科学就在你身边"系列 · 203 ·

感悟绿色生命的律动

四川、云南等省区均有引种。

曼陀罗

◆曼陀罗

植物趣谈

曼陀罗或称曼荼罗、满达、曼扎、曼达。它的花不仅可用于麻醉，而且还可用于治疗疾病。其叶、花、籽均可入药，味辛性温，有大毒。花能去风湿，止喘定痛，可治惊痫和寒哮，煎汤洗治诸风顽痹及寒湿脚气。花瓣的镇痛作用尤佳，可治神经痛等。叶和籽可用于镇咳镇痛。由于曼陀罗花属剧毒，国家限制销售，特需时必经有关医生处方定点控制使用。

绚丽艳美的曼陀罗花有如跳动的火焰，呈现精神诡异的造型。学者李零先生指出，曼陀罗就是欧洲、印度和阿拉伯国家认为的"万能神药"。曼陀罗又名枫茄花、狗核桃、万桃花、野麻子、醉心花、闹羊花等，为茄科野生直立木质草

在医药和毒药的交叉点上，曼陀罗花像地精一般突然显现，它过分妖冶的色泽吸引着人们的眼球和追捧，使得我们很难分辨其中的掌声——哪些是针对它的药物性，哪些又拜倒于它迷惑的威力？

本植物。它还分为大花（白花）曼陀罗、红花曼陀罗、紫花曼陀罗等种类。曼陀罗花主要成分为莨菪碱、东莨菪碱及少量阿托品，而起麻醉作用的主要成分是东莨菪碱。除做外科手术的麻醉剂和止痛剂，还作春药和治癫痫、蛇伤、狂犬病。雨果《笑面人》中描述了狂人医生苏斯使用曼陀罗花的过程，"他熟悉曼陀罗花的性能和各种妙处，谁都知道这种草有阴阳两性。"这至少说明，自古埃及伊始，曼陀罗的阴性力量总是四处都有知

音,有一幅埃及的壁画是说古埃及人宴客时,常会把曼陀罗花果拿给客人闻,因为曼陀罗花果富有迷幻药的特性,可以让客人有欣快感。

罂　粟

◆罂粟的果实

罂粟又称罂子粟、阿芙蓉、御米、象谷、米囊、囊子、莺粟。其乳汁(即鸦片)中含多种生物碱、吗啡、可待因与蒂巴因,对中枢神经有兴奋、镇痛、镇咳和催眠作用。罂粟碱等对平滑肌有明显的解痉作用。果壳(即罂粟壳)性微寒,味酸涩,有小毒,含低量吗啡等生物碱。

中医以罂粟壳入药,处方又名"御米壳"或"罂壳"。在夏季"割烟"后采收,去蒂头和种子,晒干醋炒或蜜炙备用。种子含油50%,可以榨油。罂粟壳性平味酸涩,有毒,内含吗啡、可待因、那可汀、罂粟碱等30多种生物碱,为镇痛、止咳、止泻药,用于肺虚久咳不止、胸腹筋骨各种疼痛、久痢常泻不止;也用于肾虚引起的遗精、滑精等症。

罂粟是提取毒品海洛因的主要毒品源植物,长期应用容易成瘾,慢性中毒,严重危害健康,成为民间常说的"鸦片鬼"。严重的还会因呼吸困难而送命。它和大麻、古柯并称为三大毒品植物。所以,我国对罂粟种植严加控制,除药用科研外,一律禁植。

感悟绿色生命的律动

广角镜——罂粟基因被破解

研究人员发现生成可待因和吗啡的两种罂粟基因。这一发现有助于高效制造应用广泛的生物碱麻醉剂可待因。

可待因和吗啡均为临床常用镇痛药。吗啡久用容易产生依赖性，可待因不易产生这种副作用。人体注射可待因后，肝脏里的一种酶能将可待因自然转化成吗啡。

"近半个世纪，这两种基因构成的酶逃过植物生物化学家的法眼，"研究论文共同作者、加拿大卡尔加里大学教授法基尼告诉法新社记者，"我们的研究不仅发现酶，还发现基因，我们取得重要进展。"

罂粟是可待因、吗啡等生物碱麻醉剂的主要来源。尽管可待因能直接从罂粟中提取，但现阶段可待因的提取主要依靠合成罂粟中含量更高的吗啡。

法基尼说，新发现使利用微生物生产麻醉药等重要药物成为可能，人们有望利用经过基因工程改造的植物生产可待因。

植物趣谈

小贴士——15000种药用植物将灭绝，千百万患者将遭殃

科学家称目前地球上大约有15000多种药用植物由于环境污染、栖息地被破坏和过度采挖等原因，处于灭绝的境地。许多人将因为没有这些药材的治疗而面对疾病，甚至死亡。

人类在思考环境问题和保护自己家园的时候，对伴随在自己身边的动物已经给予了一定的关注，但是对于人类索取的更多的植物，关注得实在太少了。加上过度利用造成了许多药用植物濒临灭绝，或许是因为人们觉得植物是地球上取之不尽用之不竭的资源。由于人类对药用植物的不断索取和全球变暖，药用植物在慢慢减少并进入枯竭状态。

中国是药用植物资源最丰富的国家之一，可是我国药用植物资源的供求极不平衡，需求远远大于产出。统计数据显示：目前重要处方和中成药制剂的主体，年需求量超过70万吨，其中出口30万吨左右，如此大的需求量对野生药用植物造成重大的压力。

如影随形——植物与人类

小故事——紫金山蕨类植物药用价值多

带上放大镜,每天早出晚归,不放过任何一道沟渠……一年以来,南京中山植物园的孙起梦和刘兴剑将紫金山彻底搜了个遍,找到了75种蕨类植物。虽然南京人熟悉的中华水韭依然没有踪影,但是一次意外从山坡上滑下后,竟然首次记录到普通凤丫蕨,让两位专家兴奋不已。此外,还在紫金山地区新发现了姬蕨、对马耳蕨、宝华山瓦韦球腺种足蕨。

在专家眼中,紫金山上这些不起眼的"小草"都是宝贝。近年来国内外对蕨类药用植物资源的研究越来越重视,如已在卷柏科和里白科中发现了防治癌症的药物资源。研究发现,紫金山几乎所有的蕨类植物都可以作为药用植物资源,且数量多、分布范围广。其中有不少种类在南京的民间已被广泛使用。在对紫金山部分药用蕨类植物总黄酮含量测定后,专家发现,有7种蕨类植物的总黄酮含量达到1%以上,其中,水龙骨科的有柄石韦黄酮含量最高,达到2.06%。黄酮的抗衰老效果很强大,能够防止细胞被氧化产生皱纹。

◆中华蹄盖蕨

◆普通凤丫蕨

植物趣谈

"科学就在你身边"系列

感悟绿色生命的律动

植物趣谈

"恩将仇报",还是"和谐共存"?
——人类生活与植物

◆过度砍伐树木

众所周知,在人类衣、食、住、行诸方面,植物都是不可或缺的原料,它们对于人类在地球上的生存起到了至关重要的作用。人类在日常生活中的种种行为,也对植物产生了一定的影响。但是令人遗憾的是,人类生活中的有些所作所为极大地影响了植物的生存。人类一定程度上也为自己的行为付出了代价,受到了大自然的惩罚。

植物对人类的贡献

人类的生活无法离开植物:人要靠呼吸活着,人也要靠食物活着;而植物既能提供氧气,又能提供食物。植物已经深入到我们衣、食、住、行的各个方面,是我们日常生活中不可或缺的重要元素。

许多相关的研究发现,室内观叶植物确实能改善人类室内空间的环境质量,其中观叶植物吸收空气中的有毒化学物质之功效最为显著。进一步研究发现,室内植物竟能有效地净化甲醛、苯等室内空气中主要的有毒气体。芦荟、吊兰、虎尾兰、一叶兰、龟背竹是天然的清道夫,可以清除空气中的有害物质。有研究表明,虎尾兰和吊兰可以吸收室内80%以上的有害气体,吸收甲醛的能力超强,芦荟也是吸收甲醛的好手,可以吸收1立方米空气中所含的90%的甲醛。

如影随形——植物与人类

还记得蒸腾作用吗？水分从叶片表面散失，这些蒸散在空气中的水分子其实是很重要的，它对调节空气湿度有着极大的效用，而过程中所释放出的阴离子，对于我们身体也有正面的帮助。

在人工建筑内活动的人们，或许心里非常渴望回到大自然的环境中。国外实验表明，在有植物布置的美丽环境中工作或生活，精神状态较好，头脑较清楚，工作不易出错，且能保持着愉悦的心情。

此外，植物还能保护水土防风沙，提供各种工业原料，在药用方面也有着重要作用。

▶吊兰——能吸收空气中的有害气体

植 物 趣 谈

原 理 介 绍

植物为什么能吸收有害气体？

主要的原因是植物在进行光合作用时，气孔打开呼吸，会同时吸入二氧化碳以及这些平常散布在空气中的有毒气体分子，通过植物的传导组织将其送至根部，植物的根部原本就存在许多共生菌，这些共生菌能将有毒的物质分解成无毒，进而达到净化之效果。

土地荒漠化——人类活动对植物的影响

土地荒漠化

土地沙化是指因气候变化和人类活动所导致的天然沙漠扩张和沙质土

感悟绿色生命的律动

壤上植被破坏、沙土裸露的过程。防沙治沙法所称土地沙化，是指主要因人类不合理活动所导致的天然沙漠扩张和沙质土壤上植被及覆盖物被破坏，形成流沙及沙土裸露的过程。

土地沙化的大面积蔓延就是荒漠化，是最严重的全球环境问题之一。目前地球上有20％的陆地正在受到荒漠化威胁。

◆土地沙化

研究表明：土地沙化与气候变化、开荒、过度放牧、不合理的中药材挖采和树木砍伐、水资源利用不合理有关。不难看出，以人为因素为主，其中尤以人为因素对植物生长的不良影响为主。

植物趣谈

点击——从科尔沁草原到科尔沁沙地

打开内蒙古自治区的地图，在通辽市域内布满密密麻麻的黑点，这就是"科尔沁沙地"。原来这里是科尔沁草原，因为乱垦滥挖过度放牧而退化，沙化成为我国东部的大沙地，在常年西北风的作用下，不停地向100千米外以沈阳为中心的辽宁工业城市群推进。

科尔沁草原坨、甸并存。坨子地是指相对高度2米以上的流动、半流动沙丘和半固定沙丘；田地是指相对高度在2米之内较平缓的沙土地；甸子地则指分布在坨、甸地内部及其之间的低湿地，多由各类草甸土组成。

科尔沁草原历史上曾是河川

◆科尔沁草原

如影随形——植物与人类

众多、水草丰茂之地。据记载，公元10世纪时自然条件是"地沃宜耕植，水草便畜牧"。直至19世纪初扎鲁特旗东南还留有松林。但至19世纪后期，因滥垦沙质草地，砍伐森林，曾号称"平地松林八百里"的赤峰以北，而今已成茫茫沙地。

由于人类对草原的不合理利用，甸子地不断缩小，沙化面积急剧增加，最终形成了大片沙地。坨、甸两者所占相对面积为3∶1，生产发展和人类生活受到直接威胁。

◆科尔沁沙地

为防止沙化、草场退化和土壤盐化，国家将科尔沁沙地列为重点治理沙区，每年投入巨资植树种草，采取了草场封育、翻耕补播、人工种草、引洪淤灌、防止过牧及营造防护林等措施，取得了良好成效。

◆无水的科尔沁湿地

但通辽市45%的面积为沙地（开鲁县为47%），是我国风蚀沙化和水土流失最严重的地区之一，即使植被相对茂盛的草地，把草一拔，就露出沙子，因此保护科尔沁沙地的脆弱生态环境是当地政府极为重要的工作。

知识窗

科尔沁湿地

科尔沁曾经是动植物蓬勃生息的草原，当人类无节制的农业开垦把"科尔沁草原"变成"科尔沁沙地"的时候，大自然为科尔沁悄悄保留了一小块水草丰茂的沙中绿洲。这就是最后的科尔沁湿地——它拥有所有科尔沁草原繁茂时期的所有生态类型，被称作是科尔沁草原的缩影。

感悟绿色生命的律动

人类活动与植物多样性

人类的一些经济活动，不仅使森林遭到了毁坏，树木死亡，草原成为了沙地。同时还对生物多样性和生态系统的稳定产生了极大的影响。

在植物进化过程中，由于长期受到不同环境的影响，植物界形成了数十万种植物。无数类型的遗传性状，犹如

◆崇明东滩湿地

一个庞大的天然基因库，蕴藏着丰富的种质资源，是新物种形成的基础，是自然界中最珍贵的财富。植物种质资源的良好保存和合理开发利用，对于植物的引种驯化、品种改良、抗性育种等方面将发挥出巨大作用。

我国是世界上生物多样性特别丰富的国家之一，为全球生态系统第一大国，生物多样性第三大国。中国生物物种不仅数量多，而且特有程度高，生物区系起源古老，成分复杂，并拥有大量的珍稀孑遗物种。中国广阔的国土、多样化的气候以及复杂的自然地理条件形成了类型多样化的生态系统，包括森林、草原、荒漠、湿地、海洋与海岸自然生态系统，还有多种多样的农田生态系统，这些多样化的生态系统孕育了丰富的物种多样性。

然而，森林被大面积砍伐，工业污染物和生活污染物的大量排放，极大地恶化了植物的栖息地，严重地破坏了人类的生存环境。全世界热带雨林每年以10％的面积消失，连续的生态系统成为支离破碎的"岛屿"，植物物种的多样性和遗传多样性下降，不适宜的气候使诸多植物难以适应而灭绝。在我国3万种高等植物中，至少有3000多种处于受威胁或濒临灭绝的境地。《中国珍稀濒危植物》首批公布的388种植物中，濒危物种121

> 面临过度开荒、滥砍滥伐等人为因素所造成的如此严峻的形势，你认为我们能做些什么来改善目前的现状呢？

如影随形——植物与人类

种,稀有物种 110 种,渐危物种 157 种。

我国是生物多样性受到严重威胁的国家之一;原始森林长期受到砍伐、开荒等人为活动的影响,面积正以每年 5000 平方千米的速度减少;草原由于超负荷过牧、毁草开荒的影响,退化面积达 87 万平方千米,目前约 90％的草地处在不同程度的退化中。中国十大陆地生态系统无一例外地出现退化,就连青藏高原生态系统也不能幸免。以红树林为例,中国红树林主要分布在福建沿海以南,历史上最大面积曾达 25 万公顷,20 世纪 50 年代约剩 5 万公顷,而现在仅剩 1.5 万公顷,仅为历史最高时期的 6％!在"濒危野生动植物物种国际贸易公约"列出的 640 个世界濒危物种中,中国就占 156 种,约为其总数的 25％,形势十分严峻!

保护植物,行动起来!

人类在意识到自身的行为对大自然所造成的危害,了解其后果后,也采取了一些相应措施以缓解现状。

小资料:退耕还林

退耕还林就是从保护和改善生态环境出发,将易造成水土流失的耕地有计划、有步骤地停止耕种,按照适地适树的原则,因地制宜地植树造林,恢复森林植被,包括坡耕地退耕还林和宜林荒山荒地造林。

广角镜——乌审旗农牧民退耕还林,营造出一片片绿色煤田

鄂尔多斯市乌审旗从 2000 年启动实施退耕还林试点工程,营造出一片片"绿色煤田"。截至 2009 年底,累计实施退耕还林面积 77.7 万亩,其中退耕地还林 10.3 万亩,荒山荒地还林(草)62.9 万亩,以封代造 4.5 万亩,涉及退耕户 7182 户,涉及人口 25837 人。随着荒沙治理速度的加快,全旗生态环境日益改善,许多灌木林地已经进入开发利用阶段。

感悟绿色生命的律动

 **动手做一做**

上网查找有关资料，了解一下：除了退耕还林，人类还为改善植物多样性和保护生态环境作了哪些努力？

植物趣谈

海阔天空

——植物漫谈

　　植物世界中的未解之谜或许不是我们能够猜测的,留给人类无限的遐想。随着科技的发展和研究的深入,人们对植物的了解也越来越多。部分植物已经作为仿生学的素材,进入人类的生活。

　　下面就让我们一起海阔天空,领略一番!

海阔天空——植物漫谈

以小见大
——植物的全息现象

你相信吗？斑马的一节肢体的斑纹数目和躯干上的斑纹数目相等；金钱豹一节肢体的斑点数和躯干上的斑点数相近……动物的一个受精卵，在适宜的条件下，可以发育成一个新生命。无论是能直接看见的还是不能直接看见的，生物体局部包含着整体全部信息的现象，则是一种普遍的规律，这叫生

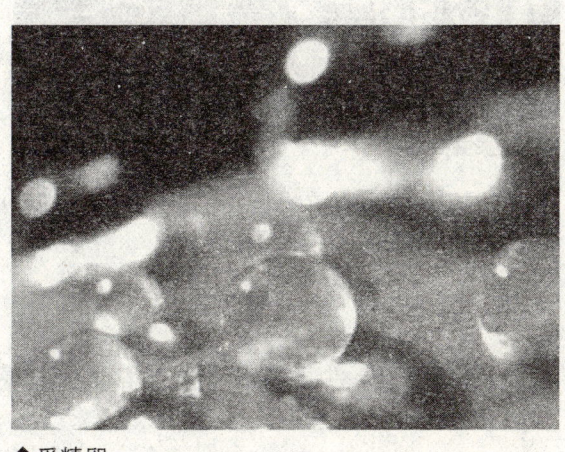

◆受精卵

物的全息性。那么，在植物体内，是否也存在这样的全息现象呢？让我们去一探究竟！

植物的全息现象

"全息"是1948年物理学家弋柏和罗杰斯发明了光学全息术后提出的一个概念。所谓"生物全息"，就是生物体每个相对独立的部分，在化学组成模式上与整体相同，是整体的成比例缩小。

植物的全息现象，在大自然中，从形态、生物化学和遗传学等多方面已经找到了论证的实例。

马路边的棕榈树，它的一张叶子，由放射型的叶片和长长的叶柄组成，仔细观察一下叶子的整个外形，当把它竖在地上与全株外形相比时，你会发现，它们的外形是多么的一致，只是大小比例不同而已。

>>>>>>>>>>>>>>>>>>>>> 感悟绿色生命的律动

◆路边的棕榈

又如，菱叶海桐叶是聚生在枝顶端的，它的叶子也是上大下小，呈倒卵形；甘青虎耳草全株下部叶多且大，叶为卵形。再如，悬铃木叶片一般深裂为三，而它的分枝也是三个主要分叉。梨的外形与它的整体果树形吻合。平行叶脉的植物，它们都是从茎的基部或下部分枝，主茎基本无分枝；相反，叶脉为网状的植物，它们的分枝多呈网状。

植物趣谈

小博士——植物组织培养中的全息现象

当进行植物离体培养时，也出现了植物的全息现象。将百合的鳞片消毒后进行离体培养，会清晰发现，鳞片基部较易诱导产生小鳞茎；即使把鳞片从上到下切成数段，同样发现小鲜茎的发生都是在每段植茎基部首先产生的；每段鳞片上诱导产生小鳞茎的数量，遵循由下至上递减的规律。这种诱导产生小鳞茎的特性与整株生芽特性是相一致的。

植物的全息胚

生物体的各个部分都是由体细胞发育和特化而来的。它们虽然形态不同，功能各异，但它们都含有生物整体的全部信息，都是特化了的胚胎。生物体的全息胚都包含整体的性质（信息），高发育程度的全息胚是整体的缩影。

全息胚作为生物体组成部分的、处于某个发育阶段的特化的胚胎，一个生物体是由处于不同发育阶段的、具有不同特化程度的多重全息胚组成的。

海阔天空——植物漫谈

广角镜——植物的全息胚

植物体的许多全息胚的胚胎性质是非常明显的。大仙人球上长着许多的小仙人球，都是发育程度很高的全息胚。把它们取下来移栽就会成为新的个体。

蟹爪兰，它的每一个节变态茎都是特化的胚胎，栽种到土壤里就从叶片边缘长出了一个个的幼体，有根有叶，落地就能成活；榕树的分枝，基部都长着气生根，这表明一个分枝就是一个全息胚，也就是

◆蟹爪兰

一株长在大榕树上的小榕树；在松树上，虽然分枝基部的气生根不见了，但我们还是可以看出分枝的胚胎性质，它的大部分分枝发育程度很高，长得和小松树的形态很相似，而它的小分枝则是发育程度较低的全息胚，长得和松树的幼苗一模一样。

植物趣谈

◆榕树的分支及气生根

"科学就在你身边"系列

感悟绿色生命的律动

链接：人体全息现象

植物趣谈

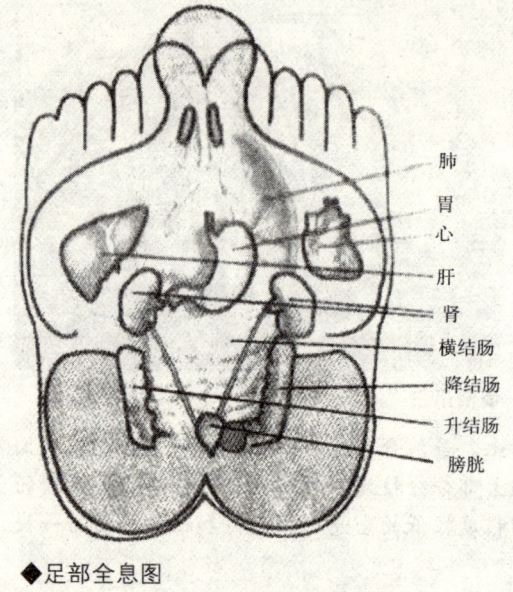

◆足部全息图

如果说人体的各个节肢和器官都是全息胚，这似乎很难使人理解。但事实上人类和其他高等动物一样，并无例外。

如把人的耳朵和人早期胚胎作比较，可看出它们不仅形态相似，而且人胚将要发育成节肢和某些器官的地方，正和耳朵上中医用来查病治病的穴位相互对应。耳朵就是一个全息胚。

所以，中医学中的头针、耳针、手针、足针……等穴区图，实际就是头、耳、手、足……这些局部器官所包含的未来整体的图谱。人体的任何局部器官，也都包含了对应现在整体的全部信息。

植物的全息现象与农业生产

植物全息的规律应用于农作物的生产实践，已产生了显著的效果。

人们自然会问，小麦、水稻……它们的留种应该采用什么部位制种呢？人们在长期的生产实践中，个别的生产措施，也是符合生物全息规律的，只不过未意识到这点罢了。例如，我国不少地区种植玉米的农民，他们在留种时，习惯把玉米棒上中间（或偏下）的籽粒留下作种，而把两端的籽粒去除，确保玉米的年年丰收。这种玉米籽粒的留种方法是符合生物全息律的。因为玉米棒子是在植株的中间或偏下部分着生的，而作为植株对应全息的玉米棒，其中间（或偏下）着生的籽粒，在遗传势上也一定较强。经试验，以这种方法制种，可以增产35.47%。

海阔天空——植物漫谈

通过上述了解，你已经知道所谓"生物全息"，就是生物体每个相对独立的部分，在化学组成模式上与整体相同，是整体的成比例的缩小。那么，你能想到，植物的全息现象在农业生产实践中有怎么样的应用价值吗？

实验记录——全息原理与马铃薯的栽种

马铃薯的栽种，习惯以块茎上的芽眼切下作"种子"。但长期以来，人们并没有考虑到块茎上芽眼之间的遗传差异。根据植物全息的原理，想来这些芽眼之间必定会有特性的区别。马铃薯在全株的下部结块茎，对于全息对应的块茎来说，它的下部（远基端）芽眼结块茎的特性也一定较强。

为了证实上述的想法，科学家做了系统的试验。分别以"蛇皮粉"、"跃进"等5个马铃薯品种的块茎为材料，将它们的芽眼切块成远基端芽眼和近基端芽眼两组，进行种植比较试验。实验结果，以远基端切块制种生产时，各个品种均增产，平均增产达19.2%。

植物趣谈

感悟绿色生命的律动

植物趣谈

植物也人文——花卉"文化"

◆花卉礼仪

中国具有五千年文明史，素有"礼仪之邦"之称，中国人也以彬彬有礼的风貌而著称于世。随着社会的发展、人们生活水平的提高和中西方文化的交流，花卉日益进入我们的日常生活，越来越多地成为大家沟通、交流和馈赠的礼品之一。以各种花卉为主题的旅游节也吸引着大家的眼球，成为踏青、郊游的重要内容。那么，我们在花卉的使用中应该注意些什么呢？让我们一起来了解一下！

花卉礼仪

各种不同的花卉，都有其特定的含义。有时候，即使是同一种花，不同花色所代表的含义也是不同的。赏花要懂花语，花语构成花卉文化的核心。在花卉交流中，花语虽无声，但此时无声胜有声，其中的涵义和情感表达甚于言语。

各种花卉的花语

梅花——高洁。（白色：庄严的美丽；粉红：鲜艳）
薰衣草——等待爱情。
菊花——高洁，清廉，长寿。（黄色：淡淡的爱；白色：真实）

海阔天空——植物漫谈

非洲菊——神秘,兴奋,追求丰富人生,有毅力。

唐菖蒲——康宁,坚固,步步高升。

康乃馨——母爱,清纯的爱慕之情,浓郁的亲情,女性之爱。(深红色:热烈的爱;粉红色:我热爱你;白色:纯洁的友谊;黄色:友谊更深)

郁金香——爱的告白,荣誉。(黄色:没有希望的恋情;紫色:永不磨灭的爱情;粉红色:迷人;带斑纹的:美丽的双眸)

玫瑰——纯洁的爱。(红色:热恋;粉红色:初恋,我爱你;橙红色:美丽,充满青春气息;黄色:道歉;白色:尊敬,崇高)

百合——纯洁,庄严,神圣,事业顺利。(白色:纯洁,甜美,淑女;黄色:虚伪;橙红色:轻率)

马蹄莲——清纯,气质高雅,清秀挺拔。(白色:纯洁,充满青春活力;黄色:志同道合;粉红色:有诚意)

红掌——热情,心情开朗,热心。

鹤望兰——幸福,快乐,自由,热恋中的情人。

水仙花——自尊,自我陶醉,幽雅,冰清玉洁。

勿忘我——不要忘记我,理想的恋情,不凋的友谊。

满天星——思恋,纯情,梦境。

紫罗兰——永恒的美,努力,同情,相信,盼望。

牡丹——富贵,繁荣,昌盛。(粉红色:相信我;红色:我将珍惜你的爱;白色:珍重)

芍药——惜别。

睡莲——清纯的心,纯真。

向日葵——憧憬,光辉,爱

◆鹤望兰

感悟绿色生命的律动

慕，凝视。（大轮：你很优秀；小轮：崇拜，爱慕）

腊梅——富于慈爱，依恋。

桂花——富贵，友好，吉祥。

金桔——有金有吉，大吉大利。（四季桔：四季吉祥、如意）

杜鹃——生意兴隆，爱的快乐，思乡，忠诚。

一品红——祝福你，我的心在燃烧。

◆紫罗兰

风信子——胜利，竞技，喜悦。（蓝色：感谢你的好意；红色：你的爱让我感动；粉色：倾慕，浪漫）

蝴蝶兰——幸福，快乐，我爱你。（粉红色：有才能，活泼可爱；白色：庄严，圣洁的美人）

茉莉花——优美的，幸福，亲切，友情。

君子兰——宝贵，高贵，有君子之风度。

◆蝴蝶兰

荷花——无邪的爱，坚贞，高雅。

点击：花语的起源与发展

花语最早起源于古希腊，那个时候花、叶子和果树都有一定的含义。在希腊神话里记载过爱神出生时创造了玫瑰的故事，玫瑰从那个时代起就成为了爱情的代名词。花语在19世纪初起源于法国，随即流行到英国与美国，由一些作家创造出来，主要用来出版礼物书籍。

真正花语盛行是在法国皇室时期，贵族们将民间对于花卉的资料整理编档，里

海阔天空——植物漫谈

面就包括了花语的信息,这样的信息在宫廷后期的园林建筑中得到了完美的体现。

大众对于花语的接受是在19世纪中期,那个时候的社会风气还不十分开放,在大庭广众下表达爱意是难为情的事情,所以恋人间赠送的花卉就成为了爱情的信使。

随着时代的发展,花卉成为了社交的一种赠与品,更加完善的花语代表了赠送者的意图。

节日送花的礼仪

人们通常在不同的节日中,以不同种类或者不同组合的花卉相互馈赠、传情达意。那么,在各种节日和一些特别的日子,我们可以选择哪些品种的花卉来表达自己的情感呢?

祝长辈华诞——大丽花、迎春花、兰花等寓意"福如东海,寿比南山"。

送给老人的花——选一盆梅花盆景,赠送长者,寓意"冰中育蕾,雪里开花,不畏寒冷,独步早春的刚强意志和崇高品格。"

看望父母——可选剑兰花、康乃馨、百合花、菊花、满天星后插成花篮或花束,祝父母百年好合,幸福美满。

乔迁——适合送稳重高贵的花木,如剑兰、玫瑰、盆栽、盆景,表示隆重。

探病——适合送剑兰、玫瑰、兰花,避免送白、蓝、黄色或香味过浓的花。可选择香石竹、月季花、水仙花、兰花等,配以文竹、满天星或石松,以祝愿贵体早日康复。

情人节——每年2月14日。通常在情人节中,以赠送一支红玫瑰来表达情人之间的感情。将一支半开的红玫瑰衬上一片形色漂亮的绿叶,然后装在一个透明的单支花的胶袋中,在花柄的下半部用彩带系上一个漂亮的

◆迎春花

感悟绿色生命的律动

蝴蝶结，形成一个精美秀丽的小型花束，以此作为情人节的最佳礼物。

母亲节——通常以大朵粉色的香石竹作为母亲节的用花。粉色是女性的颜色，香石竹的层层花瓣代表母亲对子女绵绵不断的感情。送花时既可送单支，也可送数支组成的花束，或制作成造型优美别致的插花。红色康乃馨：用来祝愿母亲健康长寿；黄色康乃馨：代表对母亲的感激之情；粉色康乃馨：祈祝母亲永远美丽年轻。

花卉节

在世界各地，有诸多的花卉节，既是赏花的好时节，也体现着各国各地的风俗习惯。

◆保加利亚玫瑰节

保加利亚"玫瑰节"——每年6月第一个星期日是保加利亚玫瑰节。节日这天，人们盛装打扮云集于此，"玫瑰姑娘"们满怀喜悦地采摘鲜艳的玫瑰花，然后扎成花环献给来宾，把花瓣扔向人群。玫瑰花农在乐曲伴奏下跳起欢乐的舞蹈，举行庆祝玫瑰丰收的仪式。

卡赞勒克市是保加利亚种植产油玫瑰花最多的一个地区，每年市政府都举办"玫瑰节"，通过文化活动表现保加利亚人民勤劳、智慧和好客的品格，促进经贸交流。

墨西哥"仙人掌节"——墨西哥被誉为"仙人掌王国"，在全世界2000多个品种中，墨西哥就占1000多种。墨西哥人每年8月中旬都要在米尔帕阿尔塔地区举行盛大又隆重的仙人掌节。节日期间，当地政府所在地张灯结彩，四周搭起餐馆，专做仙人掌食品出售。同时，还展出各种仙人掌食品，如：蜜饯、果酱、糕点，以及以仙人掌为原料制成的洗涤剂等生活用品。

在仙人掌节这天，超市、流动市场以及大街小巷的小吃店几乎都可以看到用仙人掌的叶、果实等做成的食品，可见对于墨西哥人而言，仙人掌

海阔天空——植物漫谈

除了观赏外,第一实用价值就是食用。

斐济"红花节"——红花即木槿,是斐济的国花。每年8月,斐济都要在首都苏瓦市举行为期7天的红花节庆祝活动。人们把苏瓦市装扮得分外妖娆,街道上搭起了牌楼,彩旗迎风招展,花草和彩灯争相辉映。节日的最后一个晚上,宣布评选"红花皇后"的结果,并为当选的前3名"红花皇后"戴上用红花编织的"皇冠"。

◆斐济红花

洛阳"牡丹节"——洛阳牡丹国色天香,名甲天下。牡丹是我国传统名花,洛阳是牡丹的故乡。自古就有富贵吉祥、繁荣昌盛的寓意,代表着中华民族泱泱大国之风范。"洛阳地脉花最宜,牡丹尤为天下奇。"

1982年,洛阳市人大常委会正式将牡丹定为市花。目前,洛阳牡丹已达700余个品种,2300万株,5400亩,遍布全城园林景点、街头花坛、机关庭院和城郊园圃。洛阳拥有王城公园、国色牡丹园等4大高品位观赏园。在科技进步推动下,洛阳牡丹已实现四季开花,盛花期不断延长。洛阳牌牡丹也源源不断地进入国际市场。从1983年起,洛阳人以花为媒,广交朋友,文化搭台,经贸、旅游唱戏,成功举办了20多届洛阳牡丹花会,取得了良好的经济和社会效益,成为河南省对外开放的重要窗口和全国四大名会之一。

◆洛阳牡丹

植物趣谈

感悟绿色生命的律动

无限的遐想——植物仿生学

随着科学的普及，越来越多的人们了解到飞机的创意与鸟类的飞行有关。诸如此类模仿生物特殊本领，利用生物的结构和功能原理来研制机械或各种新技术的科学，如今称为仿生学。它是在20世纪中期才出现的一门新的边缘科学。仿生学研究生物体的结构、功能和工作原理，并将这些原理移植于工程技术之中，发明性能优越的仪器、装置和机器，创造新技术。

如今，仿生学领域的成果比比皆是，其中大多数似乎都是源于对动物的研究，如苍蝇与宇宙飞船、萤火虫与人工冷光、电鱼与伏特电池等等。那么人类生活中是否存在与植物有关的创意呢？

植物趣谈

蒺藜与古代兵器

古代有一种可以阻止骑兵前进的武器叫铁蒺藜，其创意源于蒺藜科的一种杂草蒺藜。蒺藜的果实由5个分果瓣组

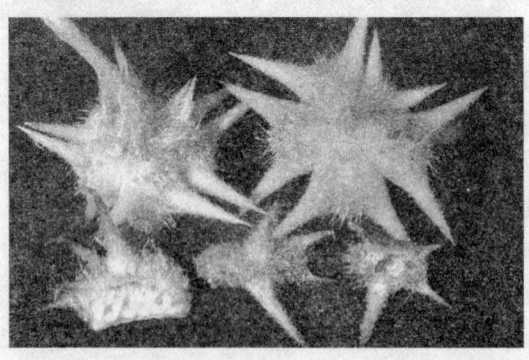
◆台湾蒺藜果

◆蒺藜

海阔天空——植物漫谈

成，呈放射状排列，直径 7～12 毫米。常裂为单一的分果瓣，分果瓣呈斧状，长 3～6 毫米；背部黄绿色，隆起，有纵棱及很多小刺，并有对称的长刺和短刺各 1 对。这种刺非常坚硬，以至于如果人或者马蹄踏上都会被刺伤。

后来有人就用铁做成蒺藜果的形状布撒到敌人骑兵前进的路上，一旦前面的马踏到铁蒺藜就会受惊而四处乱奔，后面的马也会跟着乱跑，最终敌人的骑兵乱成一团，我方步兵乘乱冲杀而将其一举歼灭。

苍耳与尼龙搭扣

苍耳——一年生草本，高可达 1 米。叶卵状三角形，长 6～10 厘米，宽 5～10 厘米，顶端尖，基部浅心形至阔楔形，边缘有不规则的锯齿或常成不明显的 3 浅裂，两面有贴生糙伏毛；叶柄长 3.5～10 厘米，密被细毛。壶体状无柄，长椭球形或卵形，长 10～18 毫米，宽 6～12 毫

◆苍耳

米，表面具钩刺和密生细毛，钩刺长 1.5～2 毫米，顶端喙长 1.5～2 厘米。花期 8～9 月。地理分布原产于美洲和东亚，广布欧洲大部和北美部分地区，生于山坡、草地、路旁。我国各地广布。

历史趣闻——尼龙搭扣的发明

瑞士有一位尼龙搭扣的发明者乔治，他是一位很喜欢打猎的工程师，每次打猎归来裤腿和衣物上都粘满草籽，即使用刷子也很难刷干净，非得一个一个把它们摘下来不可。有一次，当他把刚摘下来的草籽用放大镜深入细致地进行观察

感悟绿色生命的律动

时，竟使他大吃一惊，原来在这些小小的草籽上有一个有趣的奥秘。他看到那些草籽上有诸多小钩子。正是这些小钩子牢牢地钩住了他的衣裤。他想为什么不可以用许多带小钩子的布带来代替钮扣或拉链呢？经过多次试验和研究，他制造了一条布满尼龙小钩的带子和一条布满密密麻麻尼龙小环的带子。两条带相对一合，小钩恰好钩住小环，牢牢地固定在一起，必要时再把它们拉开。乔治依靠他深入的观察而发明的这一尼龙搭扣，获得了许多国家的专利。

建筑与植物仿生

仿生建筑的研究对象是生物界某些生物体功能组织和形象构成规律。仿生建筑也是绿色建筑，不但改善了生态环境，也为我们提供健康生活。

植物趣谈

广角镜——仿生建筑物

荷兰鹿特丹的"城市仙人掌"是一个住宅工程，在19层楼中提供98个居住单元。错落有致的曲线阳台的设计，使得每个单元的室外空间能够得到足够的阳

◆城市仙人掌

◆未来树纹摩天大楼

海阔天空——植物漫谈

光。这意味着，当所有居民的阳台花园中的花正在开花期时，这个绿色摩天大楼真是绿色的。它的白色外表也帮助减低了室内的温度。

"树纹塔"摩天大楼由美国著名的环境设计大师、建筑师威廉·麦克多诺设计。他设计的"树纹塔"使建筑可以像树木一样进行光合作用。在设计中，他充分利用太阳能和自然光，不仅实现视觉上的震撼效果，同时使得整个建筑物被环境所包围，成为名副其实的绿色建筑。

小博士——王莲"托起"大跨度建筑

王莲的叶子很大，直径有2米多，四周向上反卷，像一个大平底锅。莲叶向阳的一面淡绿色，非常光滑；背阴的一面土红色，密布粗壮的叶脉和很长的刺毛。虽然只是一片巨大的叶子，但它的支撑和承重能力却极不一般。在一片王莲叶上，站一名体重35千克的少年，它仍能像小船一样稳稳地浮在水面上；即使是在叶面上均匀地平铺一层75厘米厚的细沙，这个"大平底锅"依然纹丝不动，决不会沉入水中。人们通过仔细研究发现，这异常强大的力量来自纵横交错、粗细不等的叶脉。莲叶背面有许许多多粗大的呈放射状的叶脉，之间还有镰刀形的横筋紧密联结，构成了一种非常稳定的网状骨架。莲叶较强的承重能力由此而来。

自从1801年欧洲人发现王莲以来，莲叶的结构与功能便一直成为建筑学家研究的课题，并试图将其用于建筑设计。经过努力，如今这一美好的愿望终于变为现实。我们时常见到的大跨度宏伟楼房建筑工程，在房顶结构上都还能或多或少地看出王莲叶片结构的轮廓。近年来，意大利工程学家还以此设计建造了一座跨度达95米的展览大厅，既轻巧坚固，又造型大方，可谓仿生建筑的杰作。

荷叶与防水服

你是否想过：水滴落在荷叶上，会变成了一个个自由滚动的水珠，而且，水珠在滚动中能带走荷叶表面尘土。这是为什么呢？

传统研究认为：荷叶的基本化学成分是叶绿素、纤维素、淀粉等多糖类，有丰富的羟基（—OH）、氨基（—NH_2）等极性基团，在自然环境中很容易吸附水分或污渍。荷叶叶面都具有极强的疏水性，洒在叶面上的水会自动聚集成水珠，水珠的滚动把落在叶面上的尘土污泥粘吸滚出叶面，

感悟绿色生命的律动

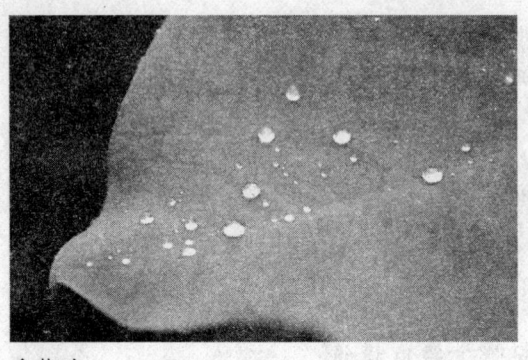

◆荷叶

使叶面始终保持干净,这就是著名的"荷叶自洁效应"。

进一步研究表明,形成自洁效应的结构,不仅存在于荷叶中,也普遍存在于其他植物中。这种复杂的结构,不仅仅有利于自洁,也有利于防止大量漂浮在大气中的各种有害的细菌和真菌对植物的侵害。另外,更重要的是,提高叶面吸收阳光的效率,可以提高叶面叶绿体的光合作用。

原理介绍——"荷叶效应"能自洁叶面的奥妙

经过两位德国科学家的长期观察研究,终于在20世纪90年代初揭开了荷叶叶面的奥妙:原来在荷叶叶面上存在着非常复杂的多重纳米和微米级的超微结构。在超高分辨率显微镜下可以清晰看到,荷叶表面上有许多微小的乳突,其平均大小约为10微米,平均间距约12微米。而每个乳突由许多直径为200纳米左右的突起组成。

荷叶的叶面上布满着一个挨一个隆起的"小山包",它上面长满绒毛,在"山包"顶又长出一个馒头状的"碉堡"突顶。因此,在"山包"间的凹陷部分充满着空气,这样就在紧贴叶面上形成一层极薄的、只有纳米级别厚度的空气层。这就使得在尺寸上远大于这种结构的灰尘、雨水等降落在叶面上后,隔着一层极薄的空气,只能同叶面上"山包"的突顶形成几个点接触。雨点在自身的表面张力作用下形成球状,水球在滚动中吸附灰尘,并滚出叶面,这就是"荷叶效应"能自洁叶面的奥妙所在。